国家自然科学基金"特高温高盐油藏用 TTSS 系列表面活性剂的开发"（51071433）

驱油用低聚磺酸盐表面活性剂的制备及评价

周　明　赵金洲　著

U0230459

科 学 出 版 社

北 京

内 容 简 介

化学驱是目前三次采油提高采收率的主要方法之一，表面活性剂在三次采油中起着关键作用，而恶劣条件下的高性能表面活性剂又是高温高盐油藏提高采收率的研究重点之一。本书是有关驱油用的低聚磺酸盐表面活性剂的合成原理、合成方法、结构表征、抗温抗盐机理及性能评价方面的专著。本书以理论为基础，以理论联系实际为导向，在借鉴前人的研究成果的基础上，总结了作者多年来驱油用表面活性剂研究的部分成果。

本书可供从事油田化学剂合成、提高采收率研究工作的专业技术人员和石油院校相关专业的本科生、硕士研究生、博士研究生及教师参考。

图书在版编目（CIP）数据

驱油用低聚磺酸盐表面活性剂的制备及评价/周明，赵金洲著. —北京：科学出版社，2017.4

ISBN 978-7-03-051128-7

Ⅰ. ①驱… Ⅱ. ①周… ②赵… Ⅲ. ①驱油–磺酸盐–表面活性剂–研究 Ⅳ. ①TE357.46

中国版本图书馆 CIP 数据核字（2016）第 317489 号

责任编辑：张　展　郑述方 / 责任校对：高明虎
责任印制：罗　科 / 封面设计：墨创文化

科 学 出 版 社 出版
北京东黄城根北街 16 号
邮政编码：100717
http://www.sciencep.com

成都锦瑞印刷有限责任公司 印刷
科学出版社发行　各地新华书店经销
*

2017 年 4 月第 一 版　开本：B5（720×1000）
2017 年 4 月第一次印刷　印张：9 1/2
字数：200 000

定价：68.00 元
（如有印装质量问题，我社负责调换）

前　言

目前我国的部分油田（塔里木油田、胜利油田、中原油田、西北石油局）的高温高盐油藏已进入了二次采油后期或三次采油初期，主要特点是油藏高温高盐、特高温高盐、高含水或特高含水，原油产量递减速度快，原油采收能力大大降低，甚至有些油井已关井。为了提高此类油藏的采收率，三次采油技术的开发应用已势在必行。实验表明，常规的聚合物驱、表面活性剂驱、二元复合驱和三元复合驱所用的聚合物和表面活性剂难以在此类油藏条件下使用。非离子表面活性剂抗盐不抗温，阴离子表面活性剂抗温不抗盐，阳离子表面活性剂在岩石多孔介质中吸附严重，这些缺点制约表面活性剂在高温高盐油藏提高采收率中的应用。主要现象集中在产生盐析效应、与钙镁离子结合产生沉淀效应和产生严重的色谱分离而失去应有的活性，因而研制新型表面活性剂成为推广应用高温高盐化学驱的关键技术。

针对驱油用表面活性剂在特高温高盐油藏中产生盐析效应和沉淀效应导致活性失效问题，采用有机化学理论、现代测试技术和三次采油等理论，以结构决定性能作为指导思想，从表面活性剂的分子结构设计、合成路线和合成方案入手，采用醚化反应、开环化反应和磺化反应三个步骤合成三聚和四聚磺酸盐型 TTSS 系列表面活性剂，测定中间体的环氧值、羟值和最终产物的活性物浓度及表面张力。采用质谱仪、红外光谱仪、DSC 差示扫描量热仪、熔点测定仪和元素分析仪等对合成的三聚和四聚磺酸盐型系列表面活性剂结构和性能进行表征，合成的系列产物达到了目标分子结构，且高温下的热稳定性好。研究了三聚和四聚表面活性剂溶液的表面物理化学性质，如 CMC 和 γ_{CMC}、C_{20}、Γ_{max}、A_{min}、CMC/C_{20}、pC_{20}。与普通表面活性剂相比，该三聚和四聚表面活性剂具有更高的表面活性和极低的临界胶束浓度，其临界胶束浓度（CMC）都在 $10^{-6}\sim10^{-4}$mol/L，表面张力在 $23\sim30$mN/m。分析了盐浓度、盐类型和温度对界面性质的影响，从反离子结合度和表面化学性质方面深入分析了该类表面活性剂的抗温抗盐机理，结果表明当 NaCl 浓度增大和温度升高时，溶液中离子水化作用减弱，正负离子之间的距离缩短，电负性及电性斥力均增强，导致表面吸附量下降。又从胶束热力学性质方面深入分析了该类表面活性剂的抗温抗盐机理，结果表明在高温下，溶液中表面活性剂分子聚集成胶束的倾向减弱，形成"冰山结构"的趋势增强；认为高温情况下该表面活性剂的胶束形成过程主要是熵驱动过程。发展了表面活性剂抗盐抗钙镁离子理论，在特高温高盐油藏中油水界面张力达到超低，提高了表面活性剂在驱油中的洗油能力。模拟特高温高盐条件下与其他表面活性剂复配作为表面活性剂驱体系,研究了体系表面活性、油水界面张力、高温长期热稳定性、乳化性、色谱分离、静态吸附和动态吸附等,结果表明复配体系具有显著的协同效应,体系界面活性增加。开展了表面活性剂驱室内驱替实验,结果表明该复配体系在高温高盐高钙镁离子油藏的三次采油表面活性剂驱油中平均驱油效率可达 9.8%左右,在化学驱中具有极好的应用前景。在高温条件下比较三相泡沫驱、二相泡沫驱、纳米聚合物微球驱、表面活性剂驱和气驱的驱油效率,结果表明该三相泡沫驱驱油效率达 18.6%,驱油能力最强,应用前景极为广阔。模拟某油田的实际情况,采用 eclipse 软件预测结果表明表面活性剂驱提高采收率显著。形成自主知识产权的研究成果使特高温高盐油藏驱油用表面活性剂的研究及应用得到突破性进展,为后期驱油表面活性剂现场应用提供理论基础。这在国民经济和社会发展中具有重大的科学意义和现实的经济意义。

　　本书总结了多年来特高温高盐油藏驱油用低聚磺酸盐表面活性剂研究的主要成果,使用了国家自然科学基金(基金号 51073166)和博士后科学基金(基金号 20090273)等最新研究成果,但有些资料是第一次公开发表,不足之处请谅解。

　　抗温抗盐低聚表面活性剂的合成、提纯、表征、性能与开发应用涉及诸多领域,许多方面还没有定论,有待继续研究和探讨。由于作者水平有限,书中不足在所难免,敬请从事油田化学合成和三次采油研究方面的专家提出批评和指正意见。

　　本书编写过程中得到了丁申影、黄洲和王刚等硕士研究生、塔里木油田开发处副处长高级工程师周理志的大力帮助,作者在此表示衷心感谢。

　　本书部分实验由硕士研究生赵焰峰、莫衍志、钟祥完成,在此一并表示感谢。

周　明

2016 年 2 月 23 日

目　　录

第1章 绪 论

1.1 引 言

表面活性剂是一类重要精细化工品,其在工农业生产和日常生活各领域中有着广泛的应用,例如石油工作液中,表面活性剂在许多工艺措施(钻井、采油、压裂、酸化)的施工中起着举足轻重的作用。传统表面活性剂为单亲水基、单疏水基的两亲分子,该类分子的结构决定了其表面活性偏低。主要原因是表面活性剂在溶液中形成气/液界面吸附层后,在液相分子聚集体的有序排列过程中受到离子头基间的同种电荷排斥力,以及水化引起的分离倾向使得它们在界面或分子聚集体中难以紧密排列。而尽管高分子表面活性剂分散性、增溶性、絮凝性、增稠性等优良,但一般难以在界面上形成稳定的取向层,表面活性比传统表面活性剂差,而且表面张力需要较长时间才能达到平衡,界面活性低。这些不足限制了传统表面活性剂和高分子表面活性剂的推广应用。因此,探索并合成具有高表面活性的新型表面活性剂一直是热门的研究课题。

20 世纪 40 年代,有学者合成了一种具有特殊结构的新型表面活性剂,通常称为低聚表面活性剂(oligomeric surfactants)。低聚表面活性剂又称偶联表面活性剂、孪连表面活性剂、双生表面活性剂和 Gemini 表面活性剂,是将两个或两个以上不同或相同的传统表面活性剂分子在其接近亲水头基或者在亲水头基处用联接基(linking group)通过化学键(共价键)连接起来,其分子结构中含有两条或两条以上的亲水链和疏水链。其分子量介于高分子表面活性剂和传统表面活性剂之间,由于优异的表面性能,低聚表面活性剂被誉为新一代表面活性剂,在未来具有广泛的应用前景。

1.2 低聚表面活性剂研究进展

1.2.1 低聚表面活性剂的发展状况

低聚表面活性剂最早报道于 1946 年的美国专利 US2524218。Bersworth 等在开发一种新的洗涤助剂时合成的一系列化合物中,有一种结构式为孪连型的羧酸盐型化合物,该化合物是最早被报道的双子表面活性剂。20 世纪 60 年代,Henkel 公司合成了脂肪酸双酯双磺酸盐,Dow 化学公司生产了烷基二苯醚双磺酸盐(DOWFAX)。

　　双子表面活性剂的实验室应用研究起始于 1971 年 Buton 等的工作，将对烷撑-α,ω-双（甲基烷溴化铵）$[C_mH_{2m+1}N^+(CH_3)_2Br^-]_2(CH_2)_5$[记为（$m$-$x$-$m$，$2Br^-$）]作为氢氧根离子与 2，4-二硝基氯（或氟）苯进行亲核取代反应的催化剂，同时对其表面性质和临界胶束浓度（CMC）进行了研究，但当时未引起重视。

　　1974 年，Deinega 等合成了一系列新型两亲分子，以联接基团为中心，将亲水性的离子头基连接在两端，每个离子头分别连接一个由亲油性的长碳氢链连接的双季铵盐表面活性剂。

　　20 世纪 80 年代末，日本 Osaka 大学的 Okahara 及其团队已经合成了不同类型的以柔性基团连接的双烷烃链阴离子低聚表面活性剂，并对其性能进行了系统研究。1990 年，Zhu 等合成了阴离子型低聚表面活性剂，揭开了低聚表面活性剂系统研究工作的序幕。1991 年，Menger 小组合成了刚性基连接的双离子头基双碳氢链表面活性剂，并命名为 Gemini（天文学上称"双子星座"），形象地描述了此类表面活性剂的结构特征。同年，法国 Charles Sadron 研究所的 Zana 组研究了一系列以亚甲基为联接基团的季铵盐阳离子双子表面活性剂的制备方法，并对其物化性质进行了研究和探讨。美国纽约州立大学 Brooklyn 学院的 Rosen 组合成了由氧乙烯和氧丙烯柔性基团连接的双子表面活性剂，并深入研究了其结构与表面活性的关系，对其中的某些特殊现象从理论上进行了解释。1994 年，Huo 等对联接基团连接不同的离子头基和烷基链的低聚表面活性剂进行了研究，并考察了它们的应用价值。2001 年，Menger 等第一次合成了一端基团为磷酸根，另一端为季铵盐的两性低聚表面活性剂。随后国内外研究者考虑到环境友好和社会经济可持续发展的要求，合成了一系列环境友好型非离子低聚表面活性剂。它们主要有以下几类：醇醚化合物、糖苷衍生物和酚醚化合物。此类非离子低聚表面活性剂无毒或者低毒性，可以作为可再生资源应用于生物医学和制药业。2003 年江南大学的夏纪鼎教授与 Zana 合编了《Gemini surfactants: synthesis，interfacial and solution-phase behavior，and applications》，该书阐述了一系列低聚表面活性剂的合成、溶液相行为、界面性质及相关的应用。

　　与国外相比，国内开始低聚表面活性剂的研究比较晚。1997 年大连理工大学的王江等在国内首次报道了一种氨基酸型两性离子低聚表面活性剂的合成，并研究了其乳化能力，发现其在农药中的应用取得了较好的效果。1999 年福州大学的赵剑曦教授在《化学进展》上发表综述，首次详细介绍了低聚表面活性剂的分子结构、性质和表面行为，开启了我国低聚表面活性剂的研究热潮。随后，国内对低聚表面活性剂的基础性能研究的团体主要有：福州大学的赵剑曦研究小组、山东大学胶体与界面科学教育部重点实验室的李干佐研究小组和中国科学院化学所的王毅琳研究小组等。对低聚表面活性剂进行较为系统的研究工作主要集中在阳离子季铵盐型低聚表面活性剂上，近几年国内学者对这方面的研究热情日益高涨，从分子结构上设计合成了一系列低聚表面活性剂，并研究了其表界面性质、聚集行为、协同效应和相关应用，已有多篇文章和专利。2006 年大连化工研究设计院打破了美国 DOW 公司对烷基二苯醚磺酸钠生产的垄断，自行研究了一条全新的合成路线并申请了专利，采用该项技术已经成功达到年产 100 吨烷基二苯醚磺酸钠的生产能力。

1.2.2　低聚表面活性剂的分子结构

　　低聚表面活性剂是在其头基或靠近头基处通过化学键将两个或两个以上的亲水基团和疏水基团连接在一起而构成的一类新型表面活性剂。低聚表面活性剂比传统表面活性剂具有更加优异的表面活性，如良好的水溶性、更低的 Krafft 点、更高的表面活性（CMC 和 C_{20} 值很低）、更强的胶束化能力、良好的钙皂分散性质、独特的相行为和流变性。由于联接基的介入，低聚表面活性剂分子可看作两个或多个传统表面活性剂分子的聚集体，具有 2 个两亲组分的称为（dimeric）二聚体；而同时具有 3 个或 4 个两亲组分的分别称为三聚体（trimeric）、四聚体（tetrameric）表面活性剂，它们具有和二聚表面活性剂类似的结构和性质，也称为三联表面活性剂和四联表面活性剂。这类 Gemini 表面活性剂在表面活性剂的概念上有所突破，结构和性质独特新颖。由于三聚、四聚表面活性剂合成难度较大，对这类表面活性剂研究得较少。

　　低聚表面活性剂具有独特的结构，使低聚表面活性剂的领域进一步得到拓展，同时它们具有优良的表界面性能，其分子结构如图 1-1 所示。目前国内外有许多学者如中国王毅琳、法国 Zana、美国 Menger、日本 Esumi 和 Ikeda、德国 Laschewsky、阿根廷 Grau 等对三聚、四聚两亲分子进行了探索。

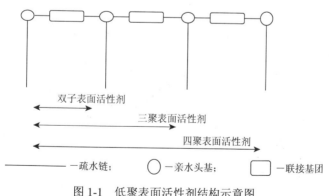

图 1-1　低聚表面活性剂结构示意图

1.3　低聚表面活性剂的合成方法及进展

低聚表面活性剂的合成大致有以下几种方法：①疏水链与亲水头基连在一起，

在其间引入联接基团；②联接基团与亲水头基连在一起，在其两端加上疏水链；③联接基团与疏水链连在一起，加入亲水头基；④先合成一端的疏水链与亲水头基，引入联接基团后再加上另一端的亲水头基与疏水链。

由于低聚表面活性剂的特殊分子结构及其同时具有传统表面活性剂类似的表面化学性质，所以低聚表面活性剂也有多种不同的分类方法。根据低聚表面活性剂联接基团的性质分类有：刚性的和柔性的；疏水型和亲水型；短链型和长链型。而常见的联接基团主要有：杂原子型、聚亚甲基型、聚氧丙烯基型、聚氧乙烯基型、对二苯代乙烯基型、亚二甲苯基型。

根据低聚表面活性剂在水中的溶解性质和亲水基团的特征，可以分为两性型、非离子型、阴离子型和阳离子型表面活性剂。两性型低聚表面活性剂是指同时具有阴离子基团和阳离子基团的低聚表面活性剂，阴离子部分主要有磷酸盐型、羧酸盐型、磺酸盐型和硫酸盐型等，阳离子部分主要由季铵盐或铵盐作为亲水基。而非离子型低聚表面活性剂不离解，稳定性高，耐硬水性能优异，主要通过一定数量的醚基和羟基构成其亲水基团，主要包括：聚氧乙烯型、酚醚化合物、糖的衍生物和多元醇型。阴离子低聚表面活性剂主要有硫酸盐型、磷酸盐型、羧酸盐型和磺酸盐型。阳离子型低聚表面活性剂主要有吡啶型、咪唑啉型和季铵盐型。

根据疏水链的类型还可以分为：碳氟型和碳氢型低聚表面活性剂，或不对称型和对称型低聚表面活性剂。

1.3.1　阳离子低聚表面活性剂

阳离子低聚表面活性剂合成方法和纯化较易，故合成的品种较丰富，其中研究最多的主要是季铵盐低聚表面活性剂。在季铵盐低聚表面活性剂中以烷基和酯基为联接基团的居多，但以酰胺基团为联接基团的低聚表面活性剂具有更好的柔顺性和湿润性。

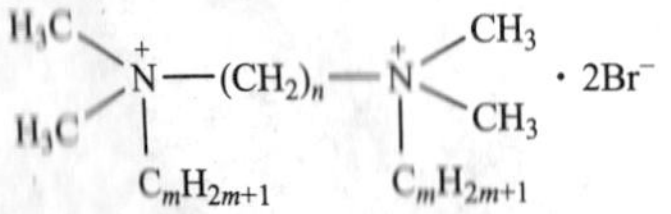

1971 年，Bunton 等合成了以柔性聚亚甲基为联接基团的阳离子低聚表面活性剂 m-n-m（m=16，n=2，4，6）；随后，法国 Zana 小组采用类似的合成方法也得到一系列结构为 $C_mH_{2m+1}N^+(CH_3)_2$—$(CH_2)_n$—$(CH_3)_2N^+C_mH_{2m+1}$ 2Br⁻ 的季铵盐低聚表面活性剂，结构如图 1-2 所示。

m=8，n=6，
m=12，n=2,3,4,5,6,8,10,12,16
m=16，n=2,3,4,6,8

图 1-2　$C_mH_{2m+1}N^+(CH_3)_2$—$(CH_2)_n$—$(CH_3)_2N^+C_mH_{2m+1}$ 的结构式

陈功等以壬基酚和甲醛为原料，合成一种新型的低聚表面活性剂，结构如图 1-3 所示。

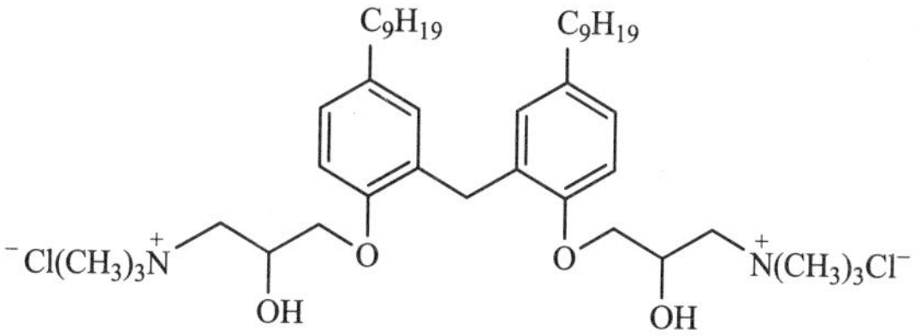

图 1-3 以壬基酚和甲醛为原料制得的新型双联阳离子表面活性剂

李进升等以十六叔胺与环氧树脂在酸性环境中亲核开环生成季铵盐型三聚表面活性剂三羟丙基缩水甘油醚十六烷基二甲基氯化铵，结构如图 1-4 所示。

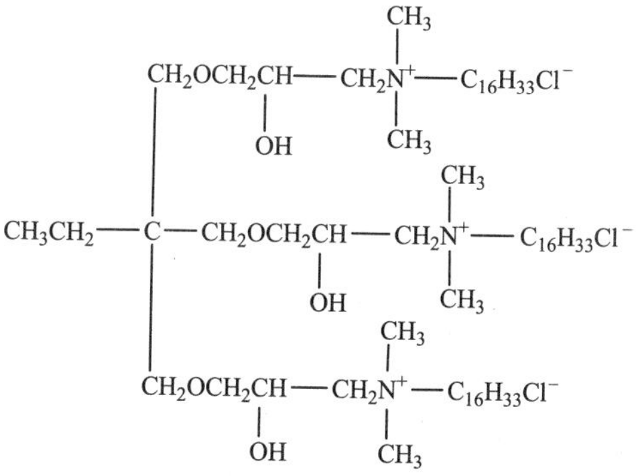

图 1-4 三羟丙基缩水甘油醚十六烷基二甲基氯化铵

Esumi 等合成的表面活性剂结构如图 1-5 所示。

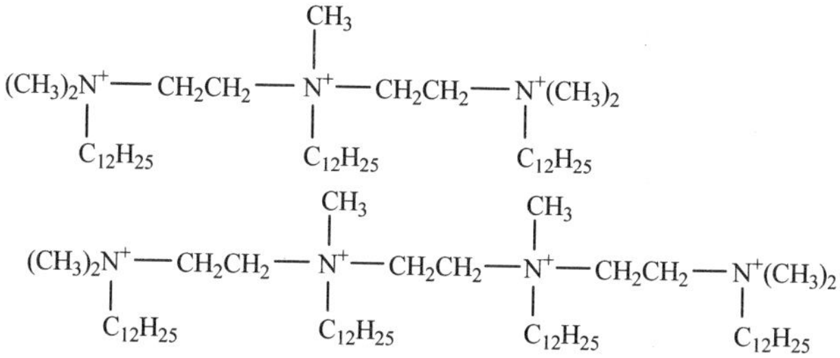

图 1-5 联接基为乙烯基的三聚和四聚季铵盐阳离子表面活性剂

2006 年 Wattebled 合成了一系列四聚季铵盐，结构如图 1-6 所示。

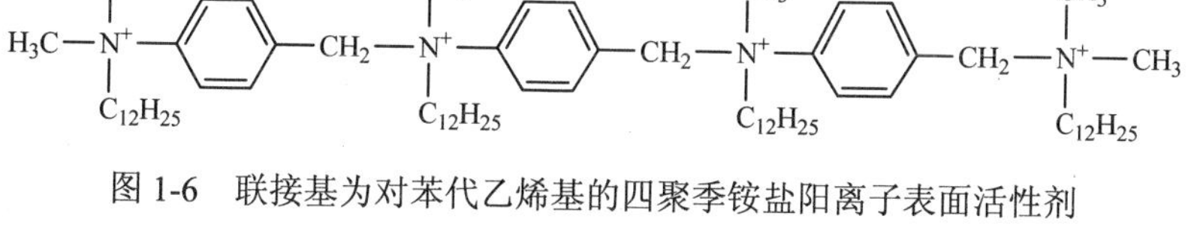

图 1-6 联接基为对苯代乙烯基的四聚季铵盐阳离子表面活性剂

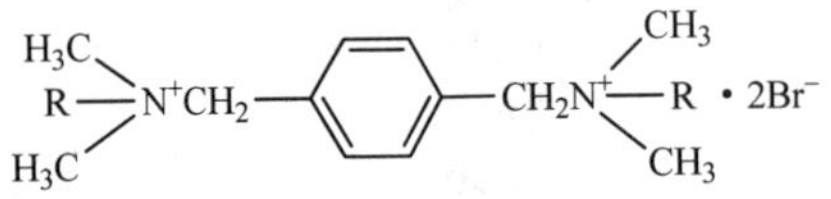

图 1-7　季铵盐型 Gemini 表面活性剂结构式

美国 Emory 大学的 Menger 等以苯二亚甲基联接基团合成了两类季铵盐型 Gemini 表面活性剂，结构如图 1-7 所示。

该研究组又以季戊四醇、二聚季戊四醇、金刚烷为连接基团合成了三个系列枝状季铵盐型四聚、六聚表面活性剂，各结构如图 1-8 所示。

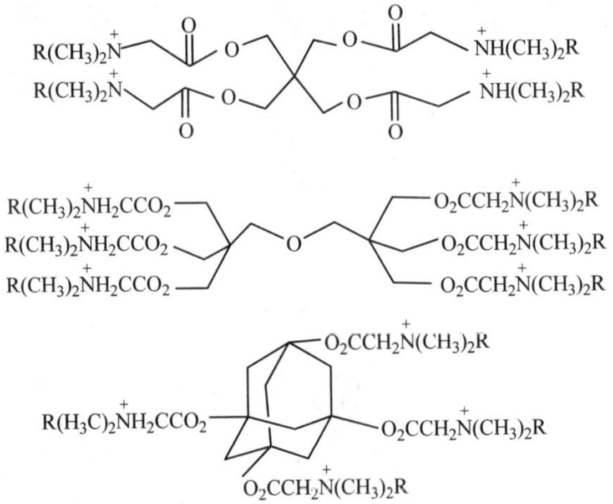

图 1-8　季铵盐四聚、六聚表面活性剂

1.3.2　阴离子低聚表面活性剂

阴离子低聚表面活性剂报道的种类逐渐增多，有的已经工业化生产，从结构上来看主要有羧酸盐、磺酸盐、硫酸盐和磷酸盐等类型。

1. 羧酸盐型

羧酸盐低聚表面活性剂一般具有性质温和、易生物降解以及原料天然等优点。但普通羧酸盐表面活性剂在硬水中易形成钙镁皂沉淀而失去表面活性，而羧酸盐低聚表面活性剂则能提高抗硬水能力，克服普通羧酸盐表面活性剂的缺点。

低聚表面活性剂按联接基团分类可分成醚键联接基型、酰胺键联接基型、酯键联接基型、酚氧键联接基型和碳氮键联接基型等，下面以此种分类进行叙述。

（1）醚键联接基型

醚键作为联接基的典型结构如图 1-9 所示。

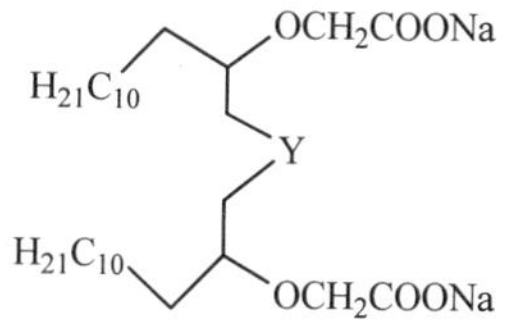

$$
\begin{array}{c}
\text{OCH}_2\text{COONa}\\
\text{H}_{21}\text{C}_{10}\\
\quad\quad\quad Y\\
\text{H}_{21}\text{C}_{10}\\
\text{OCH}_2\text{COONa}
\end{array}
$$

其中：Y=——O——，——OCH$_2$CH$_2$O——，

——O(CH$_2$CH$_2$)$_2$O——，——O(CH$_2$CH$_2$)$_3$O——

图 1-9　羧酸盐型低聚表面活性剂

Renouf 等以 1, 2-环氧十二烷、苯甲醇和环氧乙烷为原料，与 2-溴癸酸反应生成中间产物，再经脱苄氢解与 NaOH 反应得到其羧酸盐双子表面活性剂，结构见图 1-10。

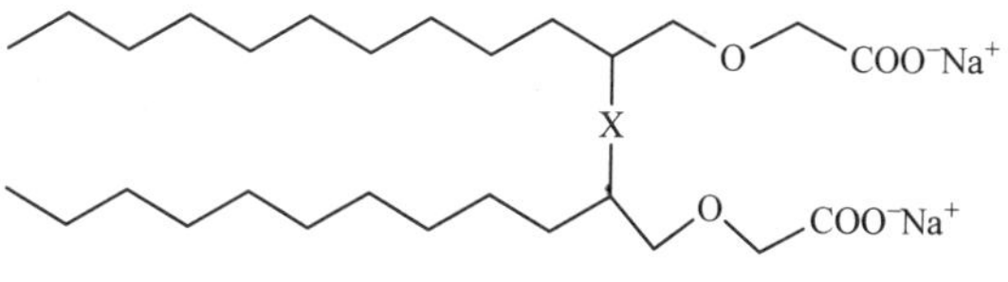

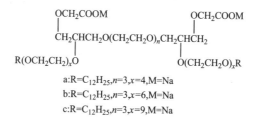

1: X=O

2: X=——(OCH$_2$CH$_2$)$_3$O——

图 1-10　羧酸盐双子表面活性剂的结构式

沈之芹等将聚乙二醇与环氧氯丙烷制备出聚乙二醇二缩水甘油醚，与脂肪醇聚氧乙烯醚发生开环反应，然后羟基羧甲基化制备出具有阴-非离子性质的羧酸盐双子表面活性剂，结构式见图 1-11。

$$
\begin{array}{c}
\text{OCH}_2\text{COOM}\quad\quad\quad\quad\quad\text{OCH}_2\text{COOM}\\
\text{CH}_2\text{CHCH}_2\text{O(CH}_2\text{CH}_2\text{O)}_n\text{CH}_2\text{CHCH}_2\\
\text{R(OCH}_2\text{CH}_2)_x\text{O}\quad\quad\quad\quad\quad\text{O(CH}_2\text{CH}_2\text{O)}_x\text{R}
\end{array}
$$

a:R=C$_{12}$H$_{25}$,n=3,x=4,M=Na

b:R=C$_{12}$H$_{25}$,n=3,x=6,M=Na

c:R=C$_{12}$H$_{25}$,n=3,x=9,M=Na

图 1-11　羧酸盐双子表面活性剂的结构式

（2）酰胺键联接基型

Leslie 利用十二烯基丁二酸分别与比较廉价的试剂乙二胺、己二胺通过一步合成出一种羧酸型双子表面活性剂，见图 1-12。20℃临界胶束浓度为 0.1mmol/L，表面张力为 33.0mN/m，其表面活性优于普通羧酸盐表面活性剂。

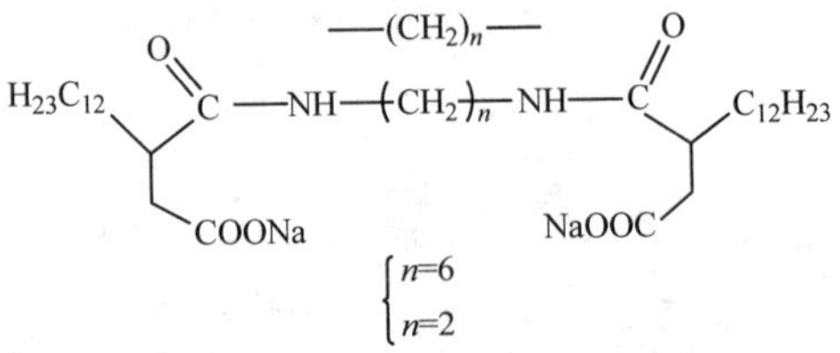

图 1-12　一种新型羧酸型双子表面活性剂

黄智等以月桂酸和乙二胺为原料反应，脱水生成 N, N'-双月桂酰基乙二胺，再和氯乙酸钠反应得到 N, N'-双月桂酰基乙二胺二乙酸钠。该合成方法简单，产物具有良好的螯合性和分散性，但由于所得中间体有两种异构体、纯度不理想、产率低等，2002 年对其合成方法进行了改进。用氯乙酸钠与乙二胺先合成乙二胺二乙酸后再与月桂酰氯反应制备出带有酰胺键及烷基二胺为联接基团的羧酸盐双子表面活性剂 N, N'-双月桂酰基乙二胺二乙酸钠，其结构式见图 1-13。

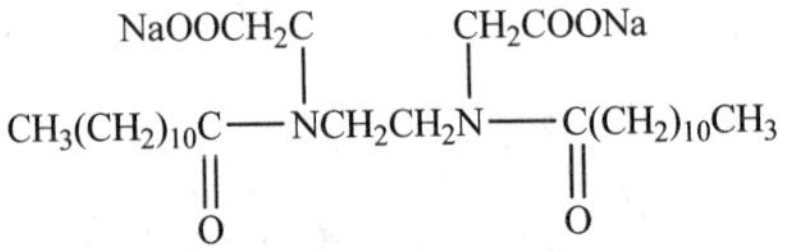

图 1-13　双月桂酰基乙二胺二乙酸钠结构式

Hironobu 等以月桂酰氯为原料合成了由柔性基团亚甲基联接并含有易降解的酰胺基团羧酸盐型二聚表面活性剂，并考察了羧酸盐型二聚表面活性剂的水相行为。

突破以往双子表面活性剂 2 个头基 2 个烷基链的结构，李杰等以二乙烯三胺、丙烯酸甲酯和月桂酰氯等原料，通过迈克尔加成反应、酰胺化缩合反应及皂化反应等合成了具有三烷基链羧酸盐型 Gemini 表面活性剂。实验数据显示，在 25℃ 时临界胶束浓度为 0.90mmol/L，表面张力为 27.8mN/m，单分子饱和吸附面积 1.42nm^2；与具有相同链长的传统阴离子表面活性剂月桂酸钠（SL）和十二烷基硫酸钠（SDS）相比，具有较低的 CMC、较高的表面活性和较大的饱和吸附面积。

（3）酯键联接基型

李嘉等以正辛酸、酒石酸为原料，通过两步反应合成了双子表面活性剂双正辛酸酯基酒石酸钠（DCTS），如图 1-14 所示。实验结果表明：其水溶液在 20℃ 临界胶束浓度为 12mmol/L，表面张力为 27.6mN/m，其表面活性优于普通羧酸盐表

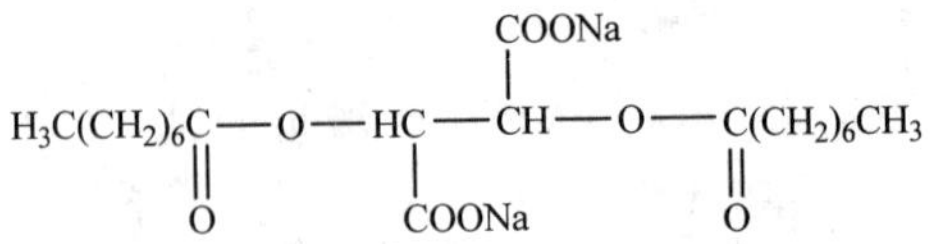

图 1-14　双正辛酸酯基酒石酸钠

面活性剂。

（4）酚氧键联接基型

杜恣毅等采用长链脂肪酸、甲醇、对苯二酚和氢氧化钠为原料三步合成了含对苯氧基联接链的羧酸盐 Gemini 表面活性剂，如图 1-15 所示，并研究了其胶团化特性。结果表明，该羧酸盐 Gemini 表面活性剂具有很低的 CMC 值，给出了 CMC-T（温度）以及 lnCMC-（$m+1$）（烷烃链长）的回归方程。计算了胶团化的热力学函数变化，证实胶团化过程来自熵驱动，并表现出焓/熵补偿现象，在所考察的系列表面活性剂中，以 $m+1=11$ 的胶团最为稳定。

图 1-15 含对苯氧基联接链的羧酸盐 Gemini 表面活性剂

赵剑曦等合成了以醚键结合、具有苯环刚性联接基团的羧酸盐双子表面活性，其结构式见图 1-16。采用动态光散射和冷冻刻蚀电镜等方法研究了产品的聚集体性质，随着活性剂浓度增加，其结构由柱状胶束向棒状胶束转变，最后生成蠕虫状胶束。

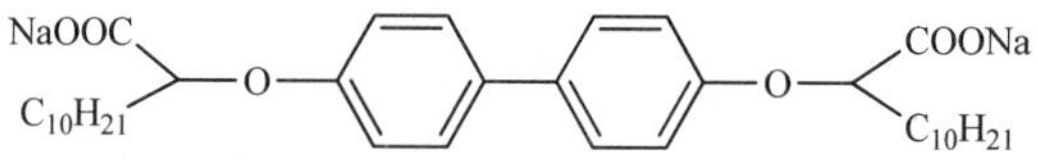

图 1-16 羧酸盐双子表面活性剂的结构式

（5）碳氮键联接基型

孙宏华等以三聚氯氰为起始剂、甲苯为溶剂，先后与脂肪胺、二乙醇胺反应，最后通过羟基与丁二酸酐进行酯化反应引入羧酸基团，制备出羧酸盐型双子表面活性剂（DXC$_n$A），其结构如图 1-17 所示。该表面活性剂具有较好的表面活性，25℃时 DXC$_8$A 的表面张力为 28.7mN/m，临界胶束浓度为 $1.41×10^{-5}$mol/L，表面活性优于传统表面活性剂十二烷基硫酸钠。

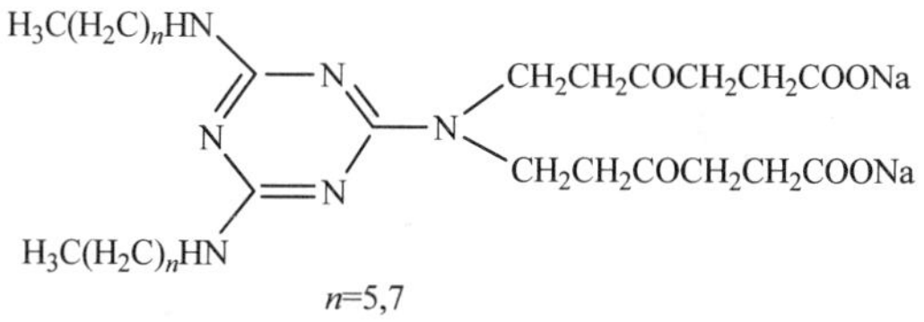

图 1-17 DXC$_n$A 的结构式

2. 磺酸盐型

为了方便叙述问题，以下以原料为线索，对磺酸盐型 Gemini 表面活性剂的合成进展进行综述。

（1）以长链脂肪醇与环氧化合物为原料

磺酸盐类 Gemini 表面活性剂的合成开始于 20 世纪 90 年代初，日本 Osaka 大学的 Okahara 研究小组合成了一系列阴离子型 Gemini 表面活性剂，其中就有磺酸盐类 Gemini 表面活性剂。合成方法之一是先用相转移催化法制备出二环氧化合物，再用长链的脂肪醇与二环氧化合物反应生成 Gemini 二醇，然后在一定条件下，Gemini 二醇与丙烷磺内酯反应生成磺酸盐型 Gemini 表面活性剂。用环氧化合物作反应物的合成路线如图 1-18 所示，其合成条件容易达到、产率较高，但产物提纯较难。

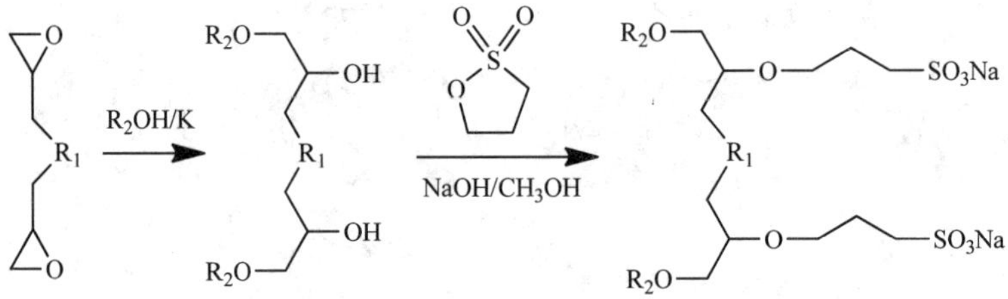

图 1-18　用短链环氧化合物合成磺酸盐型 Gemini 表面活性剂的路线

1999 年，Renouf 等报道了一系列磺酸盐型 Gemini 表面活性剂的合成及性质研究。该研究与 Okahara 研究小组的合成路线相似，是以长链环氧烷为原料先生成以醚键为联接基的双长烃链双羟基化合物，然后以丙烷磺内酯磺化后再引入两个亲水基磺酸基。合成过程如图 1-19 所示。

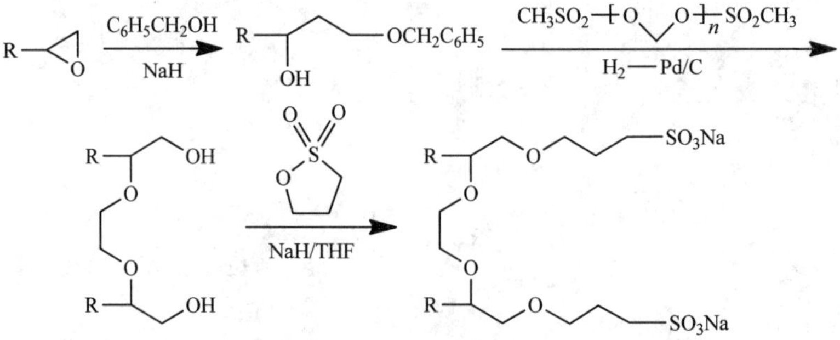

图 1-19　用长链环氧烷合成磺酸盐型表面活性剂的路线

谭中良等也采用系列长链环氧烷与不同短链二醇在 75~80℃、NaH 作用下合成了系列中间体孪连长链二醇，此中间体再与 1,3-丙烷磺内酯在 THF、NaH 中反应得到了疏水链长度和联接基长度不同的 7 种磺酸盐 Gemini 表面活性剂。

（2）以二苯醚（二苯甲烷）与烯烃（长链卤代烃）为原料

二烷基二苯醚双磺酸盐是由 DOW 化学公司生产的已经实现工业化的产品。该产品以二苯醚和烯烃或长链卤代烃为主要原料，先烷基化，再经磺化、中和得到。在合成过程中，会产生多种烷基异构体的取代二苯醚，因此要控制反应条件，选用合适的催化剂以及反应设备，才能得到较纯的产品，结构如图 1-20 所示。

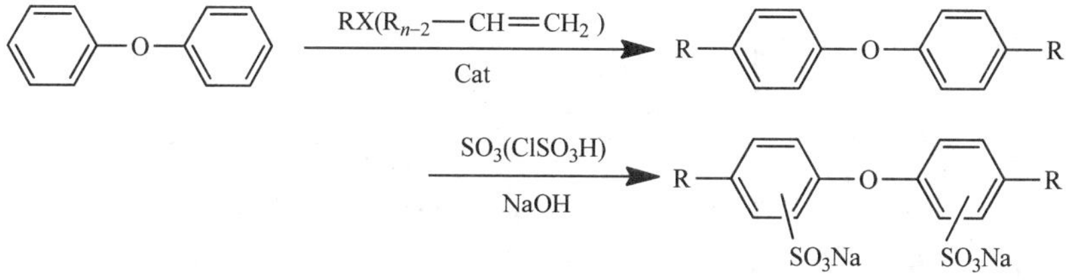

图 1-20　二烷基二苯醚双磺酸盐的合成过程

二烷基二苯醚双磺酸盐具有稳定性好、易溶解、抗氧化、抗热分解的特点，适合油田及特殊需求的行业使用。苏瑜等以二苯醚、溴代十二烷为原料，利用发烟硫酸和氯磺酸为磺化剂合成了类似产物十二烷基二苯醚二磺酸钠。刘祥以二苯醚与长链 α-烯烃为原料，以强质子酸 H_2SO_4 和 HF 或者固体超强酸 Lewis 酸、$AlCl_3$ 和 $ZnCl_2$ 为催化剂，先烷基化后磺化再中和得到双烷基二苯醚磺酸盐 Gemini 表面活性剂。于涛合成了一种磺酸盐 Gemini 表面活性剂，只不过用二苯甲烷代替了二苯醚，合成了双烷基二苯甲烷磺酸盐 Gemini 表面活性剂，结构如图 1-21 所示。

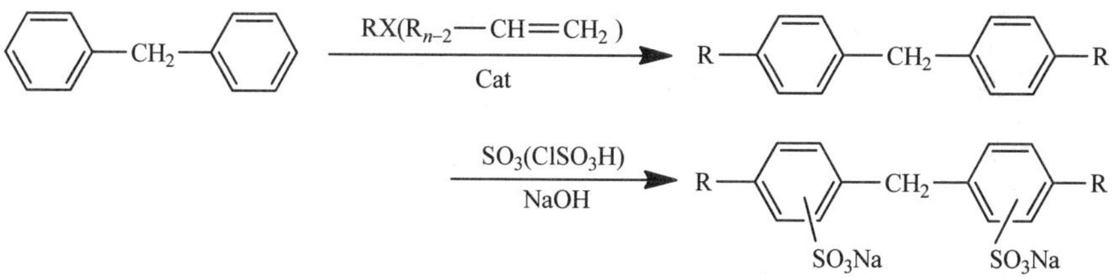

图 1-21　双烷基二苯甲烷磺酸盐 Gemini 表面活性剂的合成过程

蔡明建等采用十二烷基苯、1,2-二氯烷烃、氯磺酸等为原料经傅-克烷基化反应、磺化及中和反应，合成几种不同结构的烷基苯磺酸盐 Gemini 表面活性剂异构体，结构如图 1-22 所示。

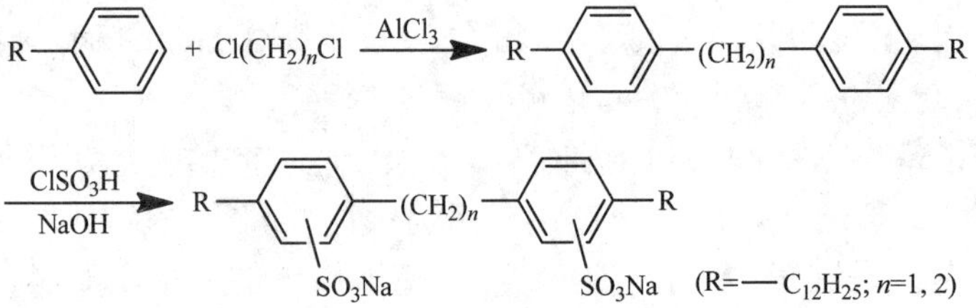

图 1-22　烷基苯磺酸盐 Gemini 表面活性剂异构体的合成

（3）长链环氧化合物和长链卤代烃为原料

20 世纪 90 年代末，Renouf 等合成了一系列磺酸盐 Gemini 表面活性剂，其合成过程如下：①1，2-二环氧长链烷烃在苯甲醇中反应生成化合物 a；②a 与 α-溴代十二酸反应生成化合物 b；③b 被 $LiAlH_4$ 还原生成化合物 c；④c 在 Pd/C 存在下氢解脱苯制得化合物 d；⑤d 与丙烷磺酸内酯作用生成以醚键为联接基的二聚体磺酸盐 Gemini 表面活性剂 e，各结构如图 1-23 所示。

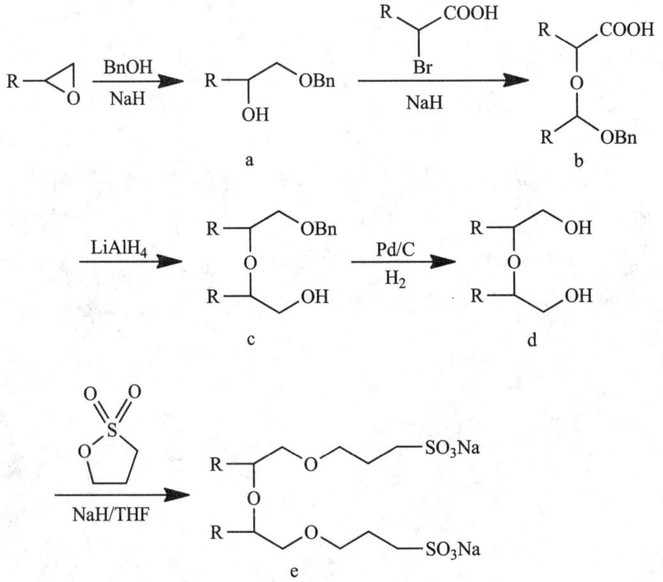

图 1-23　以醚键为联接基的二聚体磺酸盐 Gemini 表面活性剂的合成过程

（4）长链脂肪酸和聚乙二醇为原料

20 世纪 90 年代中期，Tomomichi 等以长链脂肪酸、氯磺酸、聚乙二醇等为主要原料，先磺化合成 α-磺酸基脂肪酸中间体，后酯化合成聚乙二醇（α-磺酸盐）

月桂酸双酯。其合成过程如图 1-24 所示。

图 1-24 的合成过程：①长链脂肪酸与氯磺酸以 1∶1.5 的物质的量比在 90℃的水浴中反应，用丙酮与水溶液反复冲洗得到产物 a；②a 与聚乙二醇以 2∶1 的物质的量比在一定温度的水浴中反应，用无水乙醚冲洗得到产物 b；③b 与 10% NaOH 中和得到黄色滤液，再加入乙醚得大量乳黄色沉淀，过滤干燥得到最终产物 c。

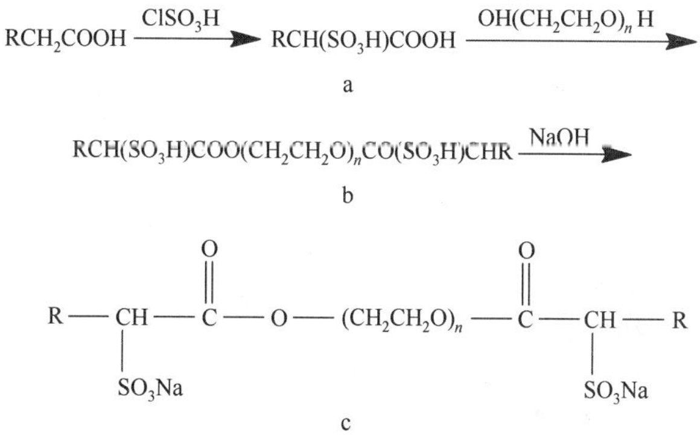

$$RCH_2COOH \xrightarrow{ClSO_3H} RCH(SO_3H)COOH \xrightarrow{OH(CH_2CH_2O)_nH}$$
$$a$$

$$RCH(SO_3H)COO(CH_2CH_2O)_nCO(SO_3H)CHR \xrightarrow{NaOH}$$
$$b$$

图 1-24 聚乙二醇月桂酸双酯的合成过程

（5）以长链二元脂肪酸、氯磺酸和长链脂肪醇为原料

21 世纪初，Alargova 等合成的磺酸盐类 Gemini 表面活性剂是一种酯类产物，其合成过程如下：①长链二元脂肪酸用氯磺酸磺化得到产物 a；②a 与长链醇酯化得到产物 b；③b 与碱中和得到最终产物 c，目标产物的纯度为 70%。其合成路线如图 1-25 所示。

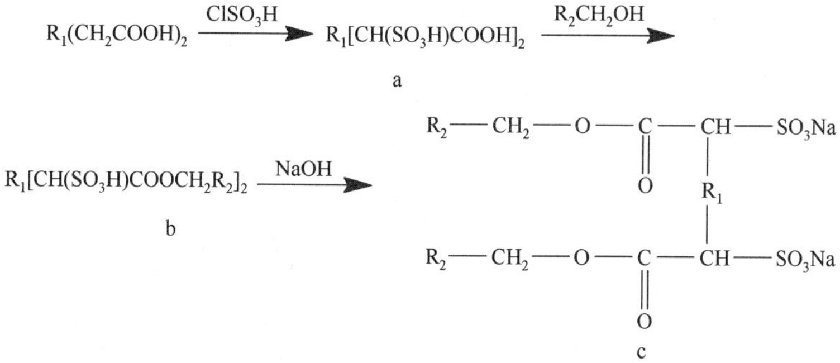

$$R_1(CH_2COOH)_2 \xrightarrow{ClSO_3H} R_1[CH(SO_3H)COOH]_2 \xrightarrow{R_2CH_2OH}$$
$$a$$

$$R_1[CH(SO_3H)COOCH_2R_2]_2 \xrightarrow{NaOH}$$
$$b$$

图 1-25 酯类磺酸盐 Gemini 表面活性剂的合成过程

（6）以马来酸酐、乙二醇和长链脂肪醇为原料

马来酸酐和乙二醇以及长链脂肪醇等经过单酯化、双酯化和磺化相继合成的

磺酸盐类 Gemini 表面活性剂是一种酯类产物，即磺基琥珀酸型盐 Gemini 表面活性剂。它具有合成工艺简单、无废物、价格低、基建投资少、产物的生物降解性好、抗硬水能力强等优点，是最近几年的研究热点。其合成经单酯化、双酯化、磺化三步完成，过程如图 1-26 所示。

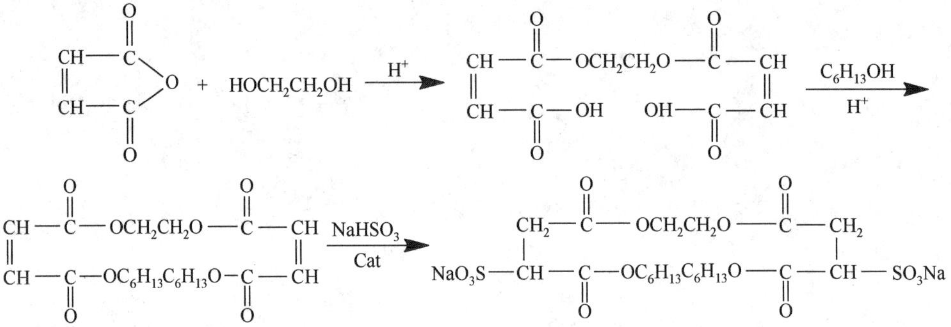

图 1-26 单酯化、双酯化、磺化过程制备磺基琥珀酸 Gemini 表面活性剂

（7）以长链烯烃、三氧化硫和短链二元酯为原料

利用长链烯烃与 SO_3 反应，再进行酯交换反应，可制得含酯基的磺酸盐型 Gemini 表面活性剂，过程如图 1-27 所示。

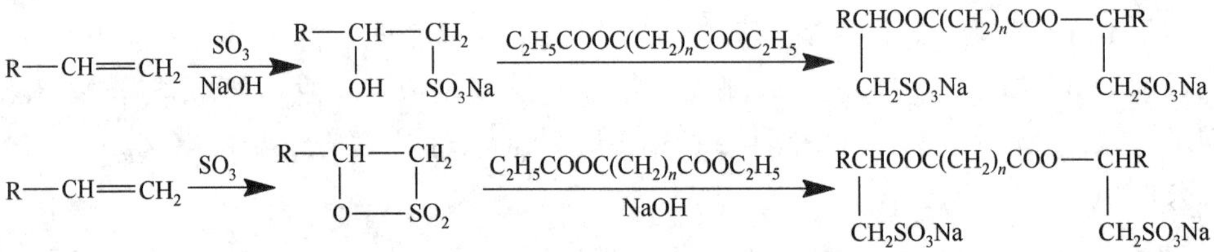

图 1-27 含酯基磺酸盐 Gemini 表面活性剂的合成过程

（8）以 α-磺酸基脂肪酸（甲酯）与乙二醇或乙二胺为原料

采用 α-磺酸基脂肪酸（甲酯）与乙二醇或乙二胺为主要原料可合成带酯基或酰胺基的磺酸盐型 Gemini 表面活性剂，过程如图 1-28 所示。

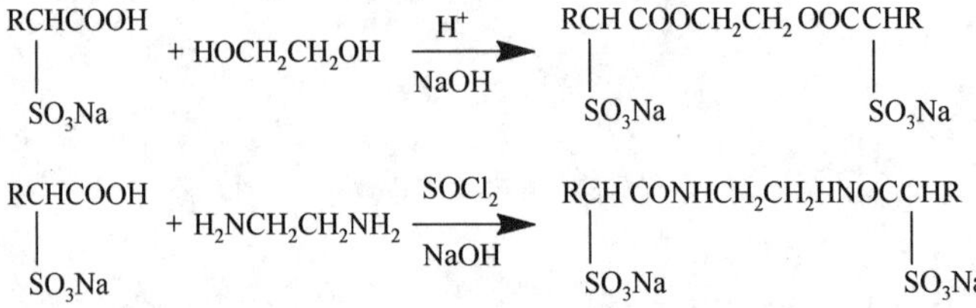

图 1-28 带酯基和酰胺基的磺酸盐 Gemini 表面活性剂的合成过程

由于结构中含有酰胺基和酯基，所以容易水解，易生物降解。

（9）以牛磺酸钠与二溴乙烷为原料

姚志钢等采用一条新的合成路线，即用牛磺酸钠与二溴乙烷反应得到乙二胺二乙磺酸钠，然后与油酰氯反应得到 N, N'-双油酰基乙二胺二乙磺酸钠，合成路线如图 1-29 所示。

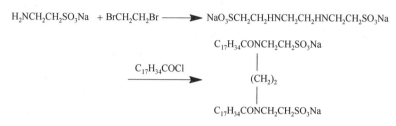

图 1-29　N, N'-双油酰基乙二胺二乙磺酸钠的合成路线

（10）以乙二胺、2-溴乙基磺酸钠和脂肪酸为原料

2007 年，胡星琪等以乙二胺、2-溴乙基磺酸钠和月桂酸为原料合成了 N, N'-乙撑双[（N-乙磺酸钠）十二酰胺]，其合成过程如下：①月桂酸与三氯化磷在 70 ℃左右的水浴中反应，得到产物 a；②a 与乙二胺以甲苯和三乙胺为溶剂在冰水浴中反应 8h 左右后，用水-丙酮溶液洗涤，得到淡黄色产品 b；③b 与 2-溴乙基磺酸钠用碳酸钠溶液调节 pH，在室温下反应 4h，并且在水浴中放置一定时间，用乙醇洗涤、过滤、烘干，得到最终产物 c。其合成路线如图 1-30 所示。

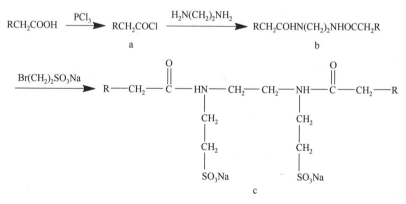

图 1-30　N, N'-乙撑双[（N-乙磺酸钠）十二酰胺]的合成过程

（11）以 α-烯烃磺酸钠（AOS）和芳香烃为原料

2005 年，Li 等以 C_{14}AOS 和苯（甲基萘）按物质的量比 2∶1 在催化剂的作用下于 150℃条件下反应 4h 制得了双十四烷基苯磺酸盐（甲基萘磺酸盐），反应

式如图 1-31 所示。

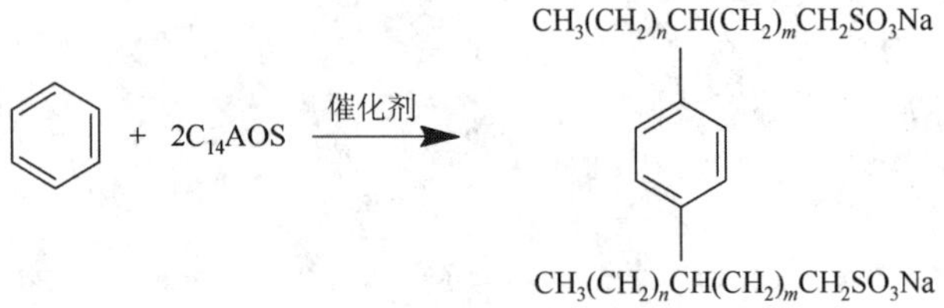
$CH_3(CH_2)_nCH(CH_2)_mCH_2SO_3Na$
+ $2C_{14}AOS$
催化剂
$CH_3(CH_2)_nCH(CH_2)_mCH_2SO_3Na$

n=9～16; m=2～6

图 1-31 双十四烷基苯磺酸盐的合成过程

（12）以氰尿酰氯、脂肪胺和乙二胺为原料

2010 年，李欣等首先采用氰尿酰氯与脂肪胺反应制得 2-烷基胺-4, 6-双氯代-1, 3, 5-三嗪；再将此产物提纯后与 α-胺乙基磺酸钠反应制得（4-氯代-6-烷基胺-1, 3, 5-三嗪基）-2-胺乙基磺酸钠；最后把该产物与乙二胺反应得 2, 2′-{6, 6′-[乙基-1, 2-二亚胺基，二（4-烷基胺）-1, 3, 5-三嗪-2, 6-二烷基]二亚胺基}双乙基磺酸钠（$2C_n$-SCT）。该合成反应式如图 1-32 所示。

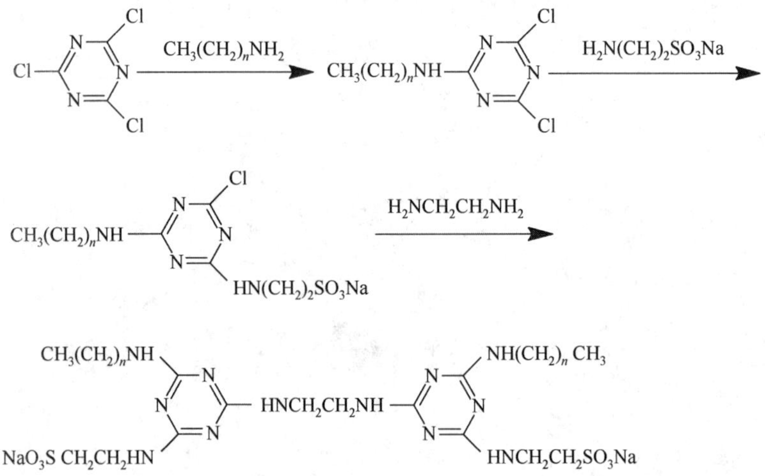
$CH_3(CH_2)_nNH_2$
$CH_3(CH_2)_nNH$
$H_2N(CH_2)_2SO_3Na$
$CH_3(CH_2)_nNH$
$HN(CH_2)_2SO_3Na$
$H_2NCH_2CH_2NH_2$
$CH_3(CH_2)_nNH$
$NH(CH_2)_n CH_3$
$HNCH_2CH_2NH$
$NaO_3S CH_2CH_2HN$
$HNCH_2CH_2SO_3Na$

n=5, 7, 11, 13

图 1-32 $2C_n$-SCT 的合成过程

3. 硫酸盐型

Marcelo 研究小组通过类似于 Okahara 研究小组的思路合成了四聚硫酸盐型表面活性剂，并研究了其表面化学性能，其结构如图 1-33 所示。

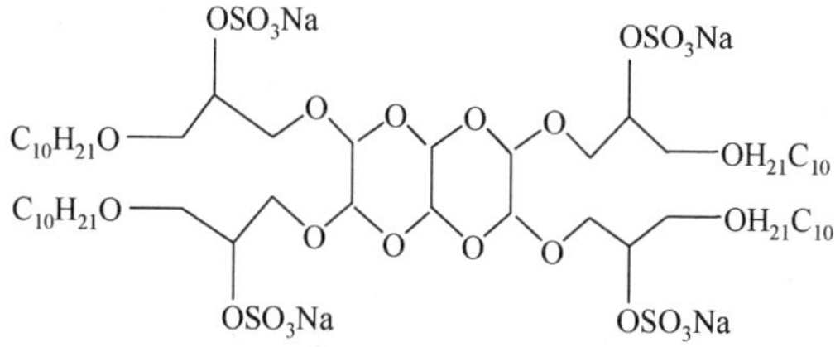

图 1-33　四聚硫酸盐型表面活性剂的结构式

　　2006 年，郑延成采用疏水基总碳数为 12、16 和 20 的双尾醇作为原料，用氯磺酸磺化，再用强碱中和得到相应的硫酸盐表面活性剂，合成 2-己基癸基硫酸钠的过程如图 1-34 所示。

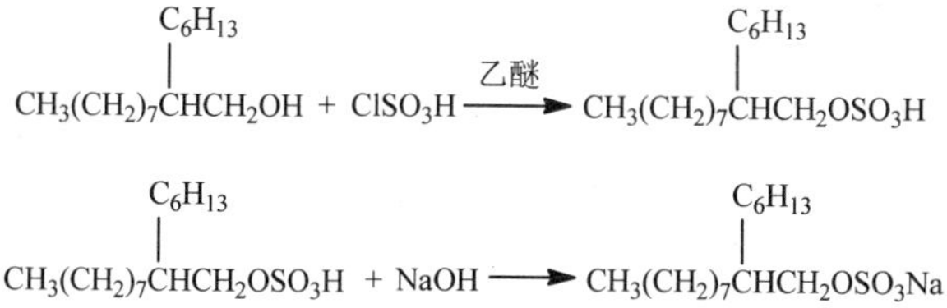

图 1-34　2-己基癸基硫酸钠的合成过程

　　2011 年，李冰等以 1，1，1，3，5，5，5-七甲基三硅氧烷（TSO）、甲基丙烯酸羟丙酯和氨基磺酸为原料合成了一种三硅氧烷硫酸盐表面活性剂，跟传统的表面活性剂十二烷基硫酸钠相比，三硅氧烷硫酸盐表面活性剂的表面张力更低，其合成过程如图 1-35 所示。

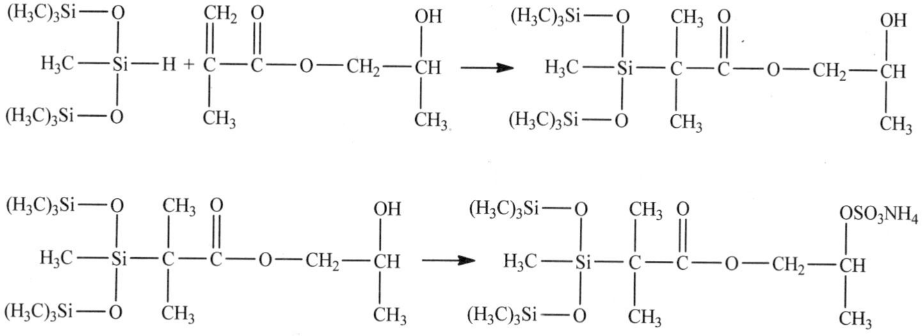

图 1-35　三硅氧烷硫酸盐表面活性剂的合成过程

　　2012 年，邰书信合成了一种新型烷基硫酸盐 Gemini 表面活性剂，它们可以看作是十二烷基硫酸钠的二聚体，其结构如图 1-36 所示。

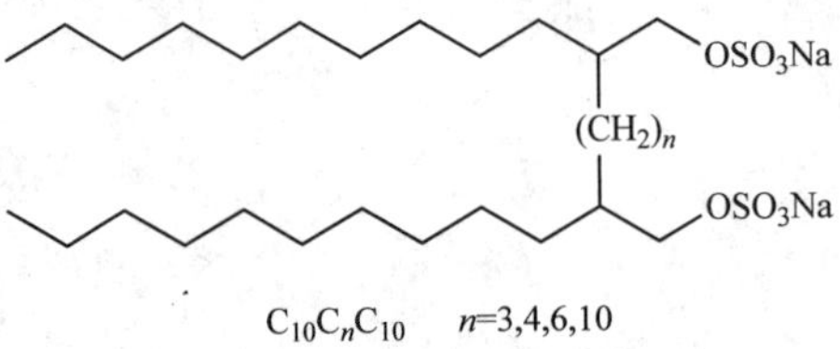

$C_{10}C_nC_{10}$　　n=3,4,6,10

图 1-36　一种新型烷基硫酸盐 Gemini 表面活性剂的结构式

2008 年，葛际江等以壬基酚、十二醇、异构十三醇为主要原料，合成了 7 种含烷氧基链节的硫酸盐表面活性剂，各结构式如图 1-37 所示。

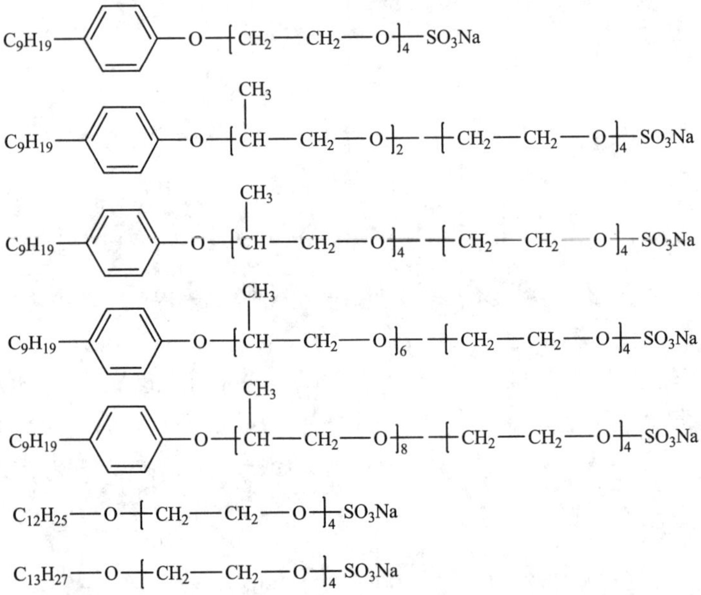

图 1-37　7 种含不同烷氧基链节的硫酸盐表面活性剂的结构式

4. 磷酸盐型

磷酸盐类化合物易形成囊泡、反相胶束等缔合结构，与天然磷脂类有类似结构（天然磷脂具有双链单极性头基结构），磷酸盐类化合物有良好的水溶性，大多数磷酸盐型低聚表面活性剂的 Karafft 点都低于 0℃，因此其有望在生命科学、药物载体研究方面取得应用，它们的合成开发引起了人们的重视，典型的结构如图 1-38 所示。

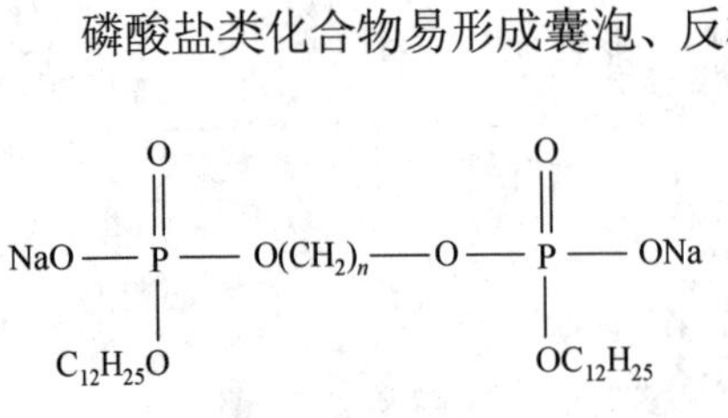

图 1-38　磷酸盐型表面活性剂的典型结构

1991 年，Menger 等先将长链醇酯化得到烷基磷酸酯，再利用二溴对二甲苯将单烷基磷酸酯转化为双烷基磷酸酯，具体反应如图 1-39 所示。

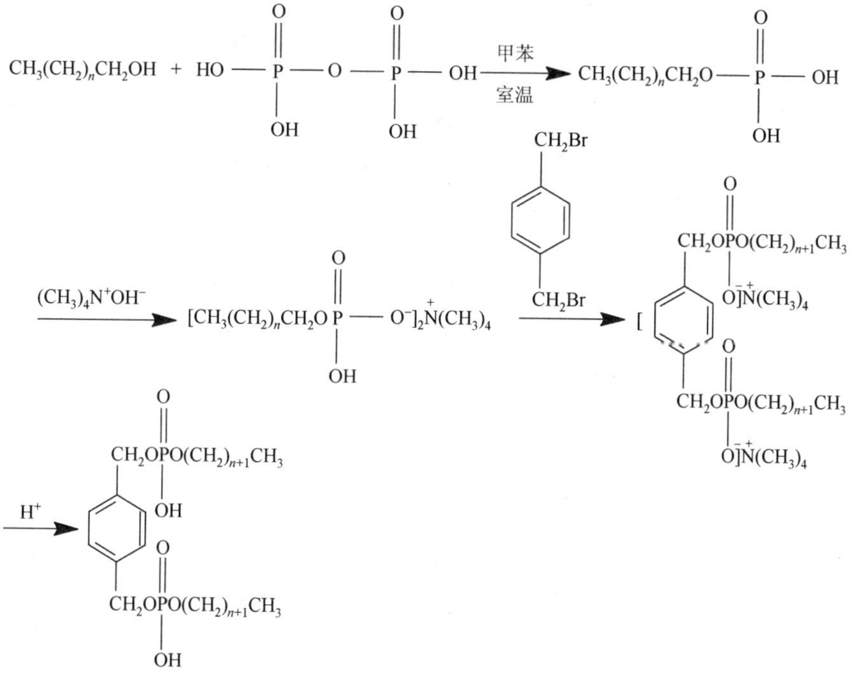

图 1-39 二苯乙烯基磷酸盐型阴离子表面活性剂的合成过程

Duivenvoorde 以二醇、三氯氧化磷、十二醇为原料合成了联接基为烷基的磷酸酯盐型 Gemini 表面活性剂，反应如图 1-40 所示。

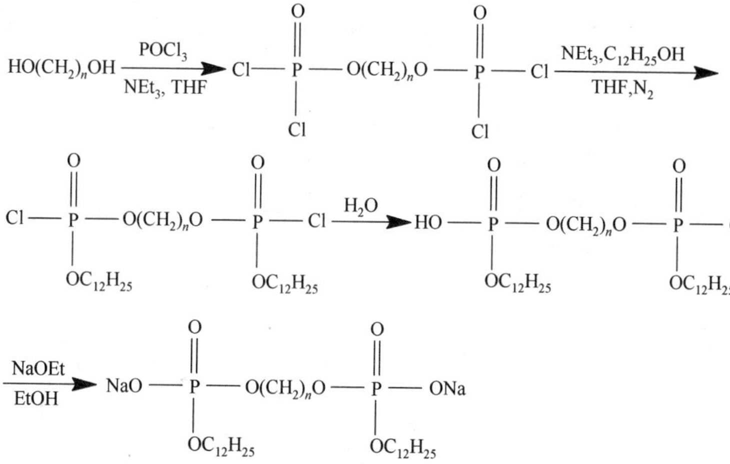

图 1-40 疏水性磷酸酯盐型 Gemini 表面活性剂的合成过程

1.3.3　非离子低聚表面活性剂

近年来，低聚表面活性剂的研究主要集中在阳离子型和阴离子型，而非离子型低聚表面活性剂的研究较少，其具体构型不多。该类表面活性剂在水中不能离解成离子，也不易受酸、碱、盐的影响，稳定性高，相容性好，可以与其他类型表面活性剂混合使用，在水和有机溶剂中均能溶解，而且耐硬水能力强。国内外合成的非离子低聚表面活性剂有：糖的衍生物、醚醇化合物和酚醚化合物。此类产品应用于制药、生物医学、高档涂料及农药等，已受到广泛关注。主要结构如图 1-41 所示。

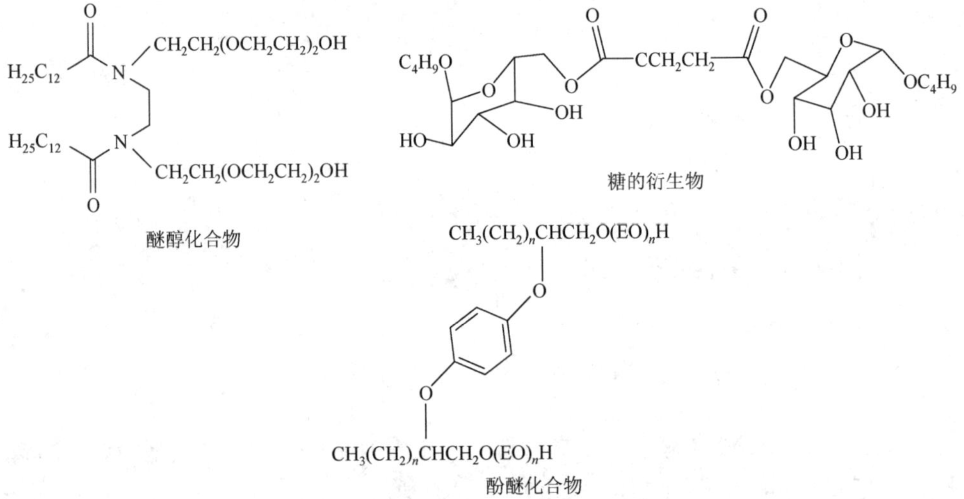

图 1-41　主要非离子低聚表面活性剂的结构式

天然糖类衍生物属于绿色环保表面活性剂，但是由于其合成所用的试剂昂贵、路线较长、产物收率低，一时难以实现大规模工业化生产。非离子型低聚表面活性剂的制备常会伴随其他副反应。目前醇醚和酚醚类已有部分工业化产品供应，但该类产品浊点低、溶解性不好、价格昂贵、应用面较窄。

Mariano 等从葡萄糖出发合成了以酯基为联接基的低聚表面活性剂，反应路线如图 1-42 所示。

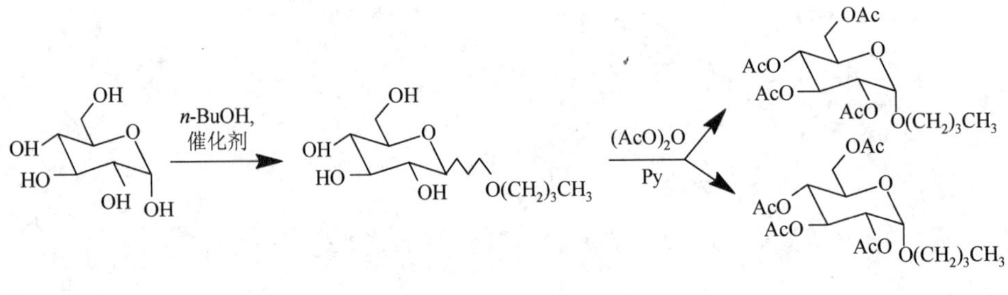

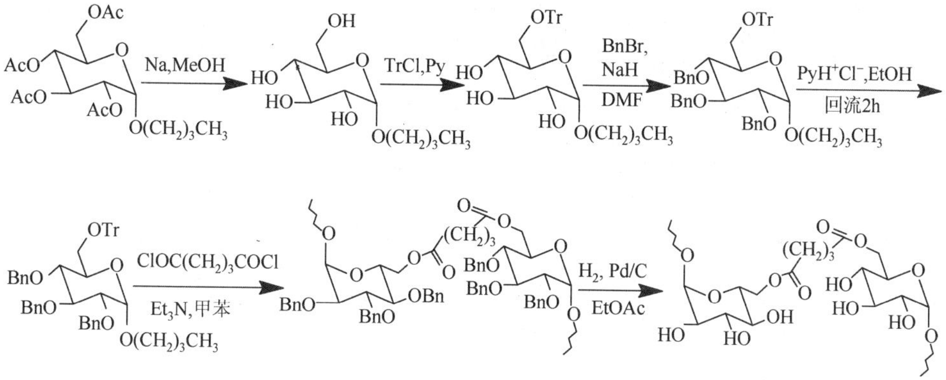

图 1-42　用葡萄糖合成低聚表面活性剂的路线

1.3.4　两性低聚表面活性剂

亲水基由两种电荷不同的离子或基团组成的 Gemini 表面活性剂称为两性 Gemini 表面活性剂。最常见的两性 Gemini 表面活性剂是亲水基由阴离子和阳离子组成的阴-阳离子两性 Gemini 表面活性剂，此外还有阴-非型两性 Gemini 表面活性剂和阳-非型两性 Gemini 表面活性剂。两性 Gemini 表面活性剂可以看作是由联接基将两种不同类别的表面活性剂连接在一起，融合在一个表面活性剂分子中。由于极性头基带不同电荷，其亲水头基间的斥力作用减小，分子间排列更紧密，表现出更高的表面活性、更强的界面吸附能力、独特的聚集体结构等优良性质，因而具有较好的应用前景。

阴-阳离子两性低聚表面活性剂在水溶液中会在分子内形成"内盐"，它与其他表面活性剂混合使用时能表现出良好的相容性和协同性。通常，两性低聚表面活性剂的阴离子部分是硫酸盐、羧酸盐、磺酸盐和磷酸盐等，而阳离子部分则由铵盐和季铵盐作为亲水基。两性低聚表面活性剂具有耐硬水、钙皂分散力强等优点。1966 年，Guttmann 开发了一种纺织纤维的柔软剂，合成了一系列咪唑啉化合物，它既有柔软作用，又有洗涤作用。Menger 等合成了一种磷酸酯甜菜碱型两性表面活性剂。1999 年，Blanza 等以乳糖为原料合成阴-阳离子型低聚表面活性剂——双链半乳糖 N-酰基鞘氨醇同系物，其特点是联接基团与两亲分子之间的化学键由通常的共价键变为离子键。2002 年，Alami 等合成了一种磺酸盐型非-阴离子两性表面活性剂，合成路线如图 1-43 所示。

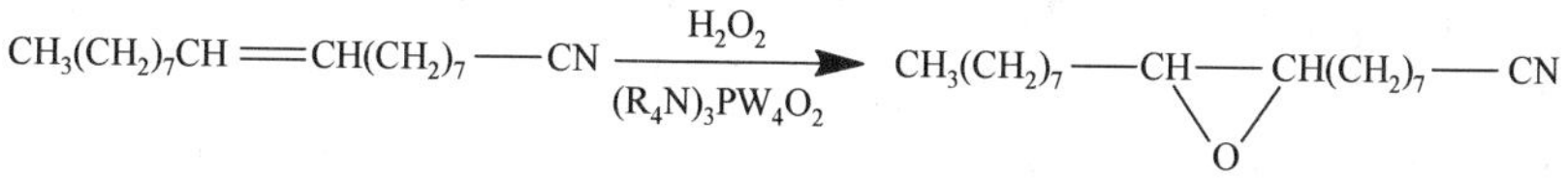

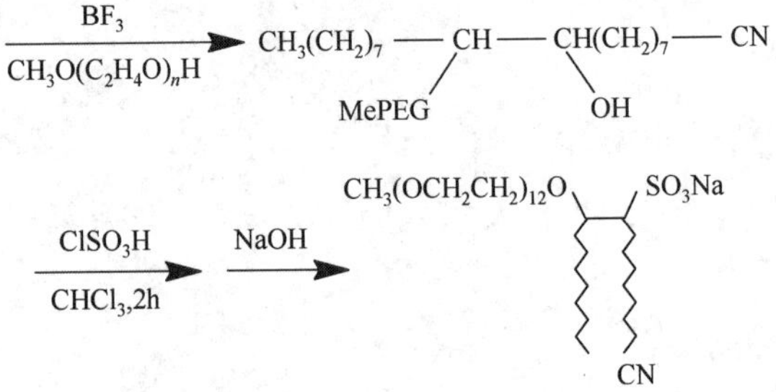

图 1-43　磺酸盐型非-阴离子两性表面活性剂的合成路线

1. 阴-阳离子型

阴-阳离子型低聚表面活性剂，即亲水基中至少含有一个正电荷和一个负电荷。该类表面活性剂的溶解度受电解质和 pH 的限制较小，极性头基之间的同性排斥较小，分子在界面上的排列紧密，降低表面张力的能力强。根据阴离子种类可分为磷酸酯类、硫酸酯、羧酸盐型和磺酸盐型，其中磷酸酯类两性表面活性剂，因其与人体脂质相似，激发人们关于其在生物医学方面的应用研究。

（1）磷酸酯类

Menger 等以三乙胺作催化剂，不同链长的脂肪醇与 2-氯-3-氧-1，3，2-二氧磷杂环戊烷反应生成中间产物，然后以乙腈作溶剂将中间产物与 N，N-二甲基脂肪胺在无水条件下反应得四种磷酸酯类两性 Gemini 表面活性剂，合成路线如图 1-44 所示。

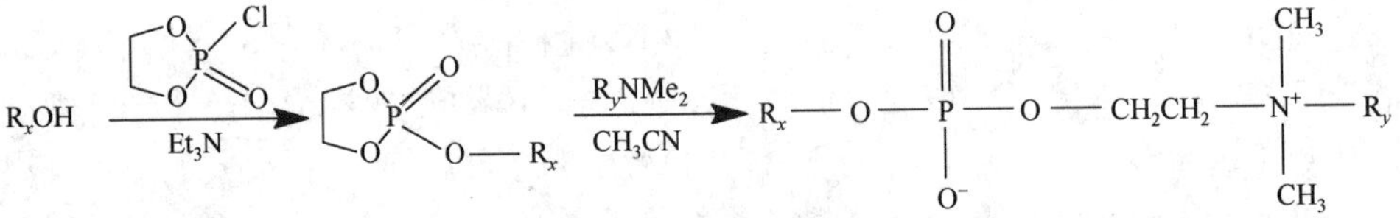

$R_x=C_8H_{17}, R_y=C_{14}H_{29}; R_x=C_{14}H_{29}, R_y=C_8H_{17}$

$R_x=C_{10}H_{21}, R_y=C_{12}H_{25}; R_x=C_{12}H_{25}, R_y=C_{10}H_{21}$

图 1-44　用脂肪醇合成磷酸盐型两性 Gemini 表面活性剂的路线

Kummar 等以直链或带有支链的脂肪醇、2-氯-3-氧-1，3，2-二氧磷杂环戊烷、N，N-二甲基脂肪胺等为原料采用类似文献的合成途径制备一系列磷酸酯类两性 Gemini 表面活性剂，结构式如图 1-45 所示。同时还采用脂肪醇先与三氯氧磷反应，反应产物再与乙二醇反应得中间产物，该方法有利于降低成本。

于明君等以环氧氯丙烷、三氯化磷、十二烷基叔胺为原料，经开环反应、磷酸单酯的制备、季铵化反应合成一种一阴二阳磷酸酯两性 Gemini 表面活性剂，反应式如图 1-46 所示。

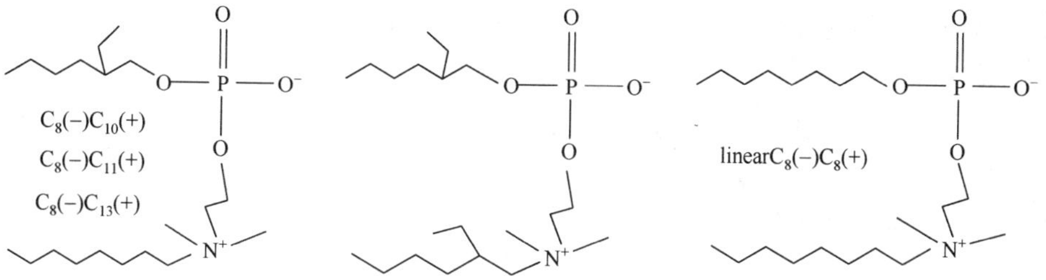

图 1-45 直链或含支链脂肪醇合成的两性表面活性剂

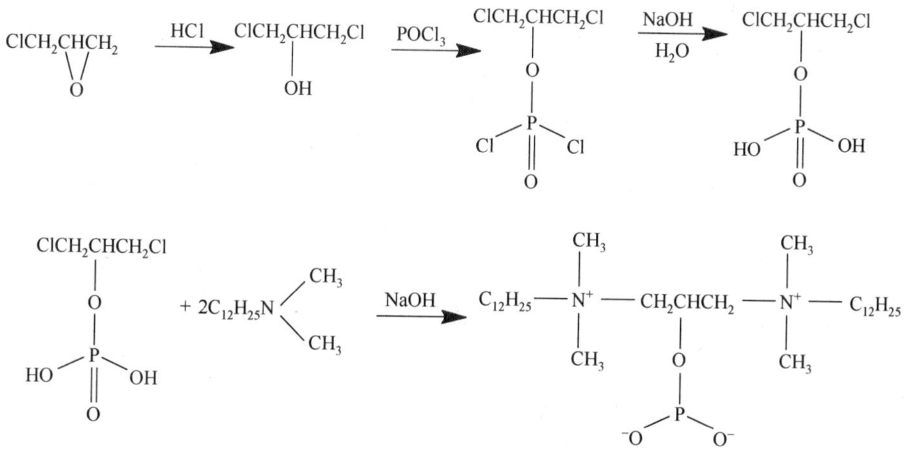

图 1-46 开环、季铵化反应制备一阴二阳磷酸酯两性 Gemini 表面活性剂

此外，Ahmed 等通过三步法合成结构类似的一阴二阳磷酸酯两性 Gemini 表面活性剂。首先是 2-（二甲胺）乙醇与 1-溴代十二烷进行季铵化反应得中间产物，经纯化后的中间产物与磷酸按 2:1 的物质的量比进行酯化反应，最后与氢氧化钾反应，经纯化得淡棕色沉淀，结构如图 1-47 所示。

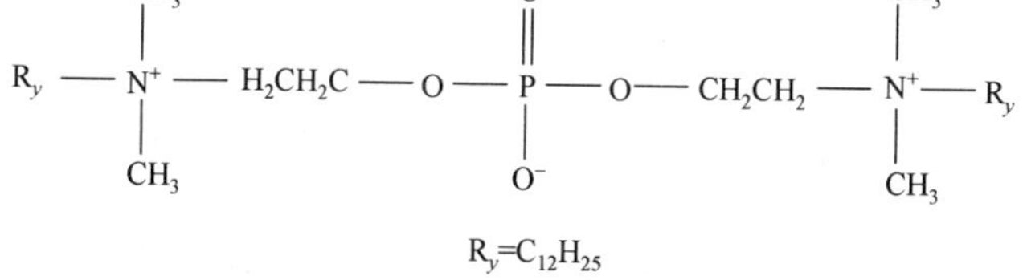

$R_y = C_{12}H_{25}$

图 1-47 一阴二阳磷酸酯两性 Gemini 表面活性剂的结构

　　而 Chen 等以十二烷基二甲基叔胺、磷酸钠、环氧氯丙烷为原料,首先反应生成磷酸二酯中间体,然后进行季铵化反应引入两条疏水链和阳离子头基,最后得结构类似且含羟基的对称型磷酸酯两性 Gemini 表面活性剂,合成路线如图 1-48 所示。

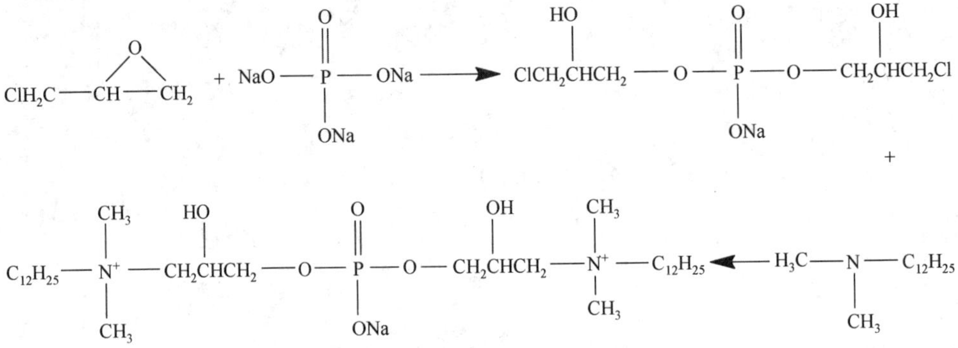

图 1-48　含羟基对称型磷酸酯两性 Gemini 表面活性剂的结构

(2) 硫酸酯类

　　赵剑曦等以环氧氯丙烷、长链醇、N,N-二甲基烷基胺、N,N-二甲基烷基胺氢溴酸盐、氯磺酸为原料,首先制备缩水甘油烷基醚,再经开环季铵化反应引入阳离子头基和另一条疏水链,最后将羟基进行磺化制得硫酸酯两性 Gemini 表面活性剂,合成路线如图 1-49 所示。

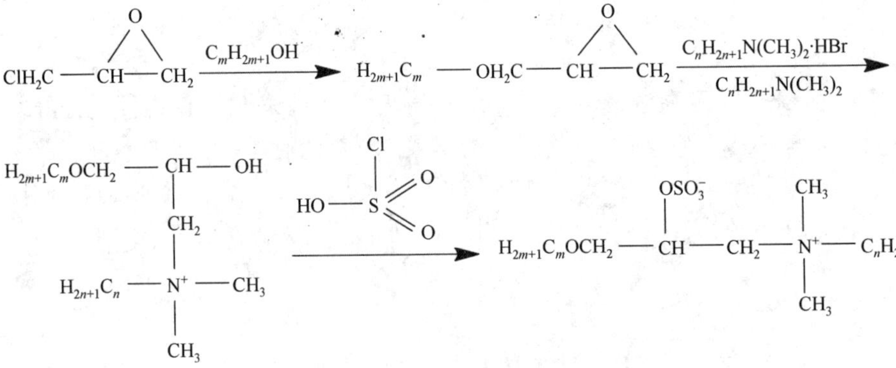

图 1-49　硫酸酯阴-阳离子型 Gemini 表面活性剂的合成路线

　　王艳以十二胺、环氧氯丙烷、氯磺酸、乙二醇等为原料,分别用乙二醇或十二胺与环氧氯丙烷按 1:2 的物质的量比反应,通过季铵化反应引入两条疏水链和铵基阳离子,最后经酯化反应得联接基不同的两种硫酸盐两性 Gemini 表面活性剂, 分子式如图 1-50 所示。

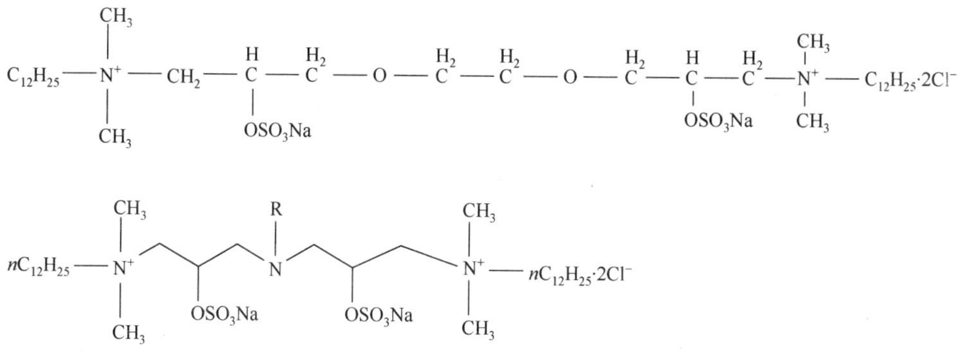

图 1-50　不同联接基的硫酸类两性 Gemini 表面活性剂的结构式

张珍仙等以长链脂肪醇（C_{10}，C_{12}，C_{14}）、长链脂肪酸（C_{10}，C_{12}，C_{14}）、N，N-二甲基丙二胺、1，3-丙烷磺内酯等为原料，首先合成一系列硫酸酯类两性 Gemini 表面活性剂，合成路线如图 1-51 所示。

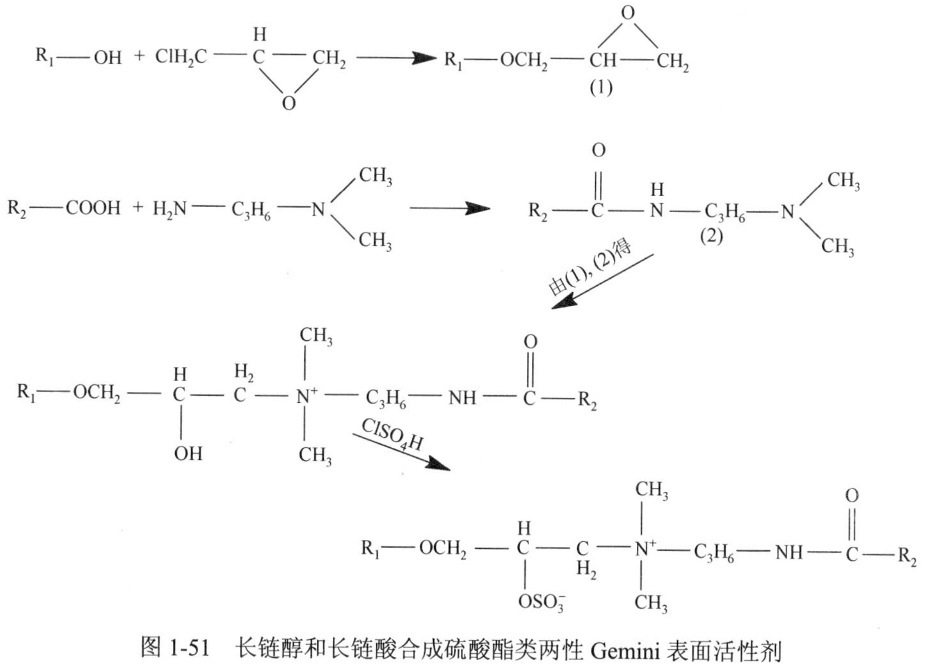

图 1-51　长链醇和长链酸合成硫酸酯类两性 Gemini 表面活性剂

（3）羧酸盐类

对称型羧酸盐类的两性 Gemini 表面活性剂，主要以二胺为联接基，通过与溴代或氯代烷烃反应引入疏水链，最后通过与卤代乙酸反应引入羧酸根离子。例如，Zhan 等以 N, N'-二甲基乙二胺、溴代烷烃（C_8，C_{10}，C_{12}，C_{14}）、溴乙酸钠等为原料，通过两步法合成表面活性剂，合成路线如图 1-52 所示。

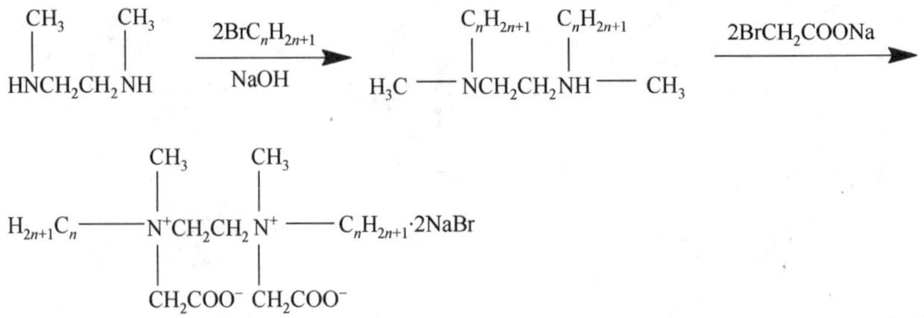

图 1-52　两步法合成羧酸盐类两性 Gemini 表面活性剂

张婷婷以 2，4，6-三氯三嗪、脂肪胺、N，N-二甲基丙二胺、乙二胺、氯乙酸钠为原料，以 N，N-二甲基丙二胺作联接基，引入含有三嗪环的两条疏水链，最后通过与氯乙酸钠进行季铵化反应引入氨基阳离子和羧酸根离子，合成路线如图 1-53 所示。

不对称羧酸盐类的两性 Gemini 表面活性剂有图 1-54 和图 1-55 所示的 A、B 两种，其中 A 是以 N，N-二甲基乙二胺、溴代烷烃（C_8，C_{10}，C_{12}，C_{14}）、琥珀酸酐为原料合成亲水基为羧酸阴离子和氨基阳离子的两性 Gemini 表面活性剂，合成路线如图 1-54 所示。

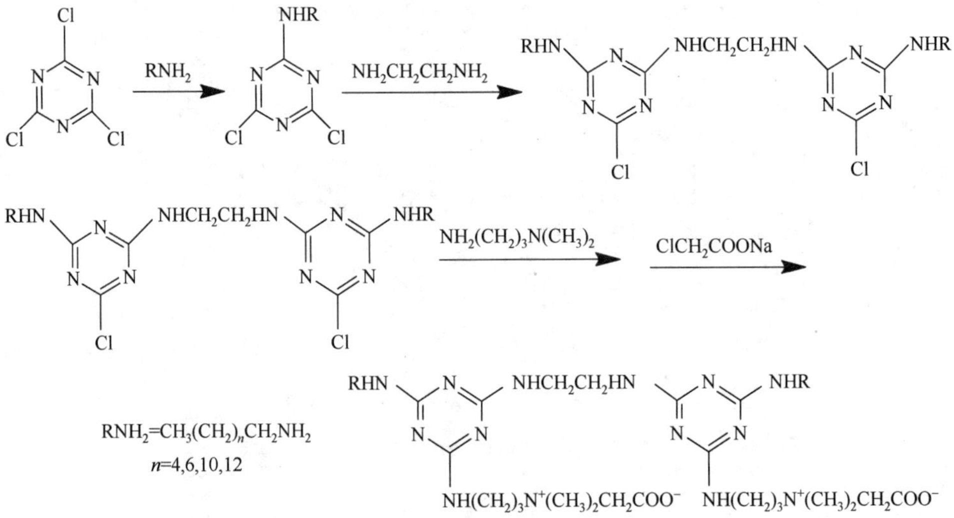

图 1-53　含三嗪环表面活性剂的合成过程

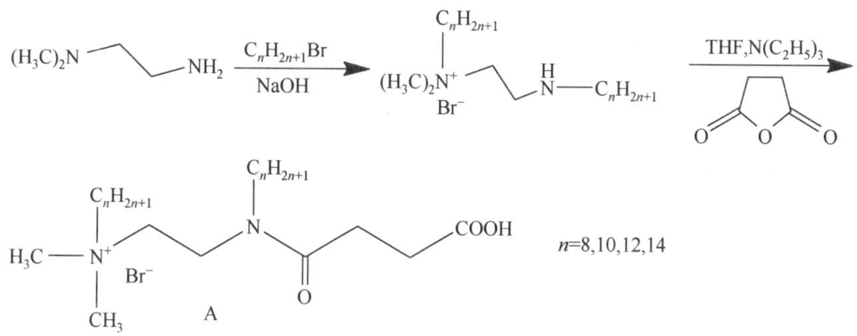

图 1-54 不对称羧酸盐类两性 Gemini 表面活性剂的合成过程

王孝科等采用十二烷基二甲胺、环氧丙烷、氯乙酸等合成双季铵盐羧甲基钠盐两性 Gemini 表面活性剂 B，合成路线如图 1-55 所示。

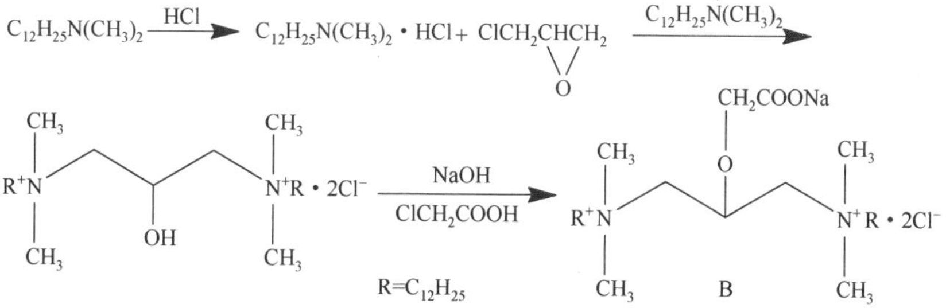

图 1-55 双季铵盐羧甲基钠盐两性 Gemini 表面活性剂的合成路线

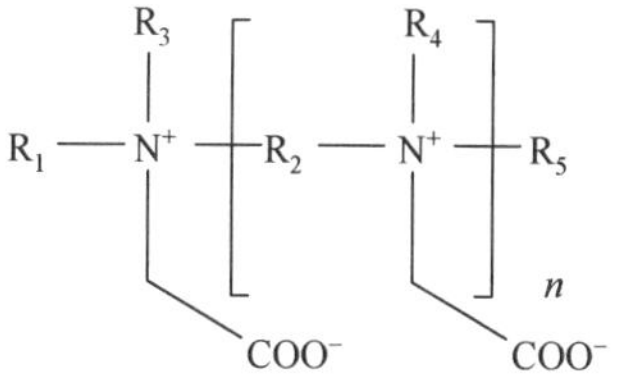

图 1-56 大分子羧酸盐类两性 Gemini 表面活性剂的结构式

此外，有关专利合成了大分子型羧酸盐类的两性 Gemini 表面活性剂，分子式如图 1-56 所示。其中 R_1、R_4 为两条疏水链，含碳原子数为 6～22；R_2 为联接基，由 2～200 个原子组成；R_3、R_5 含碳原子数为 1～4，n 为 1～100000。

（4）磺酸盐类

磺酸盐类两性 Gemini 表面活性剂相对较多，最早出现在 1966 年的有关专利中，该化合物作为一种衣服纤维的柔软剂，兼并柔软功能和洗涤功效，其合成途径较为复杂，分子式如图 1-57 所示。

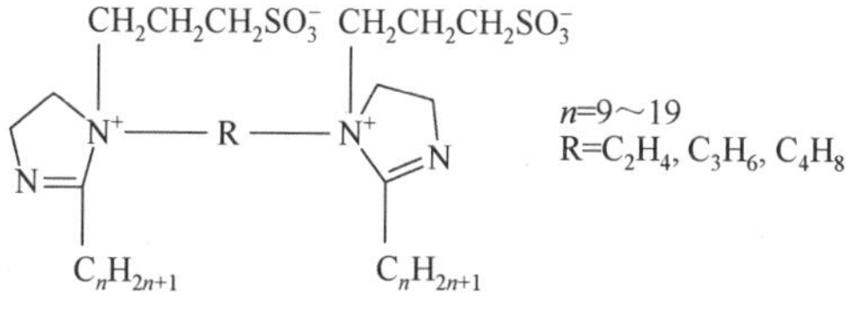

图 1-57 磺酸盐咪唑啉类两性 Gemini 表面活性剂的结构式

一般以二溴烷烃或烷基二胺作为联接基，丙磺酸内酯作磺化剂进行季铵化反应。例如，Tomokazu 等以 N, N'-二甲基乙二胺作为联接基，与溴代烷烃（C_6，C_8，C_{10}）引入两条疏水链，再经丙磺酸内酯磺化得三种磺酸型两性 Gemini 表面活性剂，合成路线如图 1-58 所示。

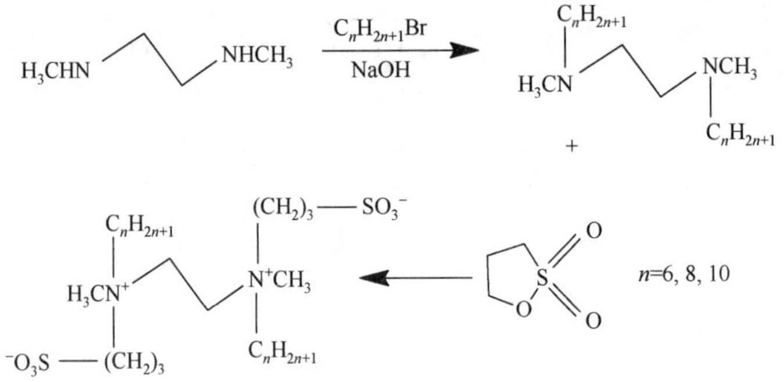

图 1-58　以烷基二胺为联接基的磺酸盐型两性 Gemini 表面活性剂的合成过程

胡星琪小组以二溴代烷烃作联接基，与同时含有磺酸根离子和氨基的化合物反应，最后进行季铵化反应得对称的磺酸盐型两性 Gemini 表面活性剂 A、B，结构如图 1-59 所示，其中 B 的合成路线如图 1-60 所示。

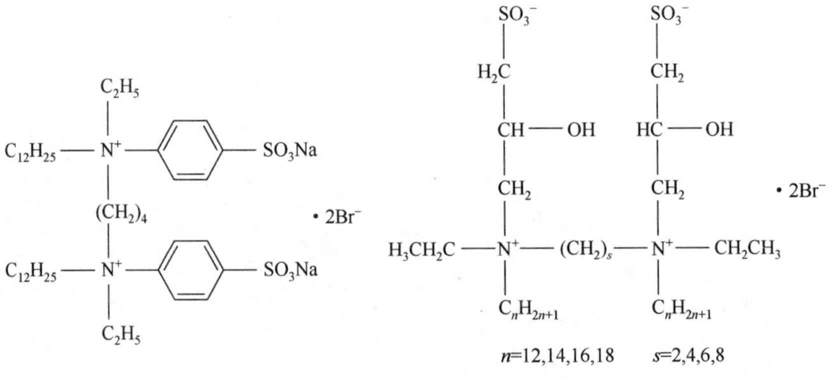

图 1-59　以二溴代烷烃为联接基制备两性 Gemini 表面活性剂 A 和 B 的结构式

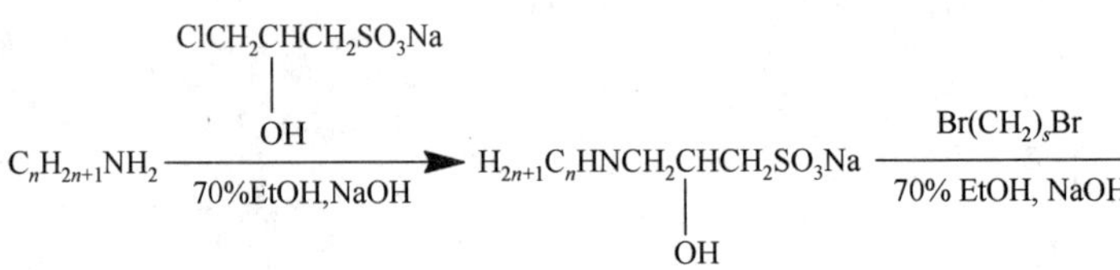

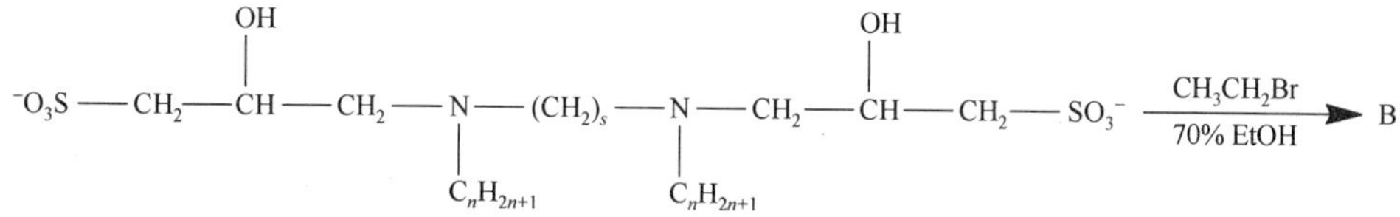

图 1-60 对称磺酸盐型两性 Gemini 表面活性剂 B 的合成过程

此外还有以乙烯醇、马来酸酐，以及其他物质作为联接基的磺酸盐两性 Gemini 表面活性剂。例如，Perroni 以 1，7-辛二炔、烷基叠氮、丙烷磺酸内酯为原料，合成一种新型磺酸盐两性 Gemini 表面活性剂，合成路线如图 1-61 所示。

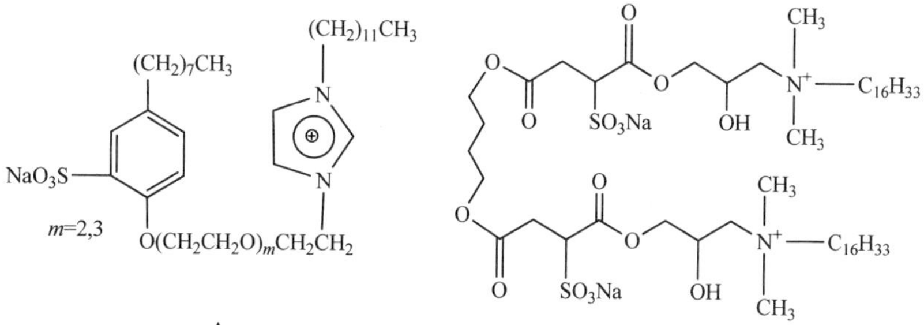

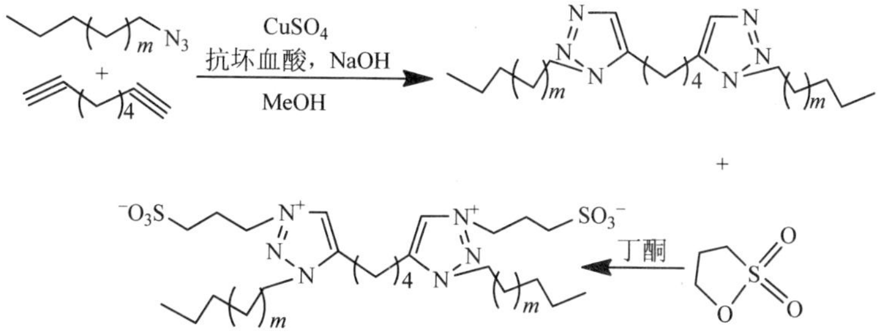

图 1-61 用不同原料合成磺酸盐型两性 Gemini 表面活性剂的过程

2. 阳-非离子型

关于阳-非离子型低聚表面活性剂的研究很少，赵田红等以脂肪醇聚氧乙烯醚与氯化亚砜在吡啶作催化剂的条件下卤化，再与四甲基乙二胺进行季铵化反应，生成阳-非离子型两性 Gemini 表面活性剂 N，N'-乙撑双月桂醇聚氧乙烯醚二甲基氯化铵，合成路线如图 1-62 所示。

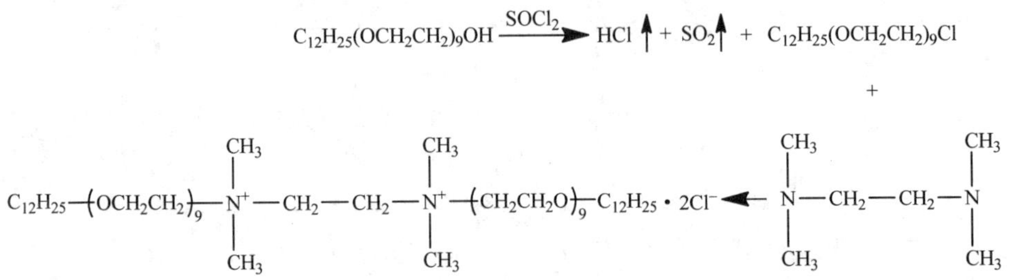

$$C_{12}H_{25}(OCH_2CH_2)_9OH \xrightarrow{SOCl_2} HCl\uparrow + SO_2\uparrow + C_{12}H_{25}(OCH_2CH_2)_9Cl$$

$$+$$

图 1-62　N,N'-乙撑双月桂醇聚氧乙烯醚二甲基氯化铵的合成过程

3. 阴-非离子型

针对阴-非离子型两性双子表面活性剂的研究报道很少，国内有对称型羧酸盐阴-非离子型两性双子表面活性剂，国外只见 Philippe 和 Alami 小组合成出非对称的磺酸盐阴-非离子型两性双子表面活性剂。这种表面活性剂同时具备双子表面活性剂和阴-非两性表面活性剂的特征，吸附性好，耐温抗盐性好，值得进一步探讨和研究。

（1）羧酸盐类

沈之芹等以环氧氯丙烷、硬脂醇聚氧乙烯醚、氯乙酸为原料，采用三步法合成对称的阴-非离子型 Gemini 表面活性剂，合成路线如图 1-63 所示。

顾义师等以顺丁烯二酸酐为联接基，与硬脂醇聚氧乙烯醚反应生成硬脂醇聚

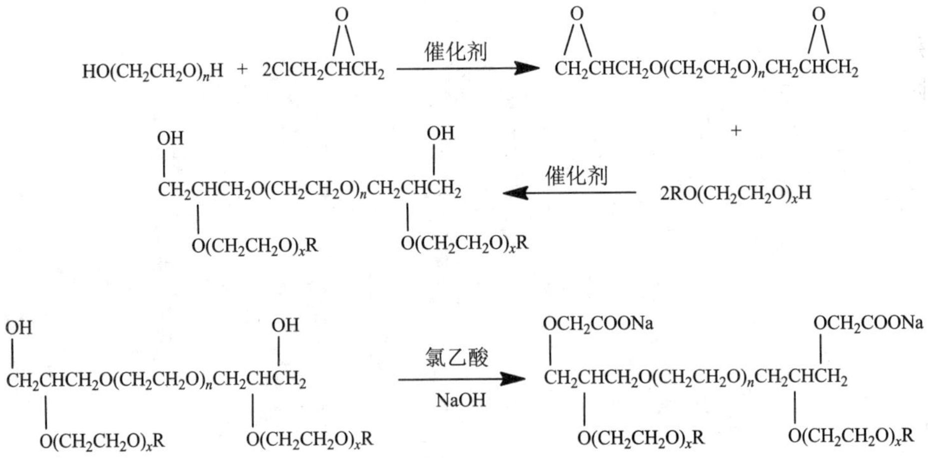

$$R=C_8H_{17}(C_6H_4)\,;\ n=2;\ x=3,6,9$$

图 1-63　对称阴-非离子型 Gemini 表面活性剂的合成过程

氧乙烯醚马来酸双酯，反丁烯二酸与联接基上的酯羧基反应引入四个羧酸根离子，得对称的阴-非离子型 Gemini 表面活性剂，合成路线如图 1-64 所示。

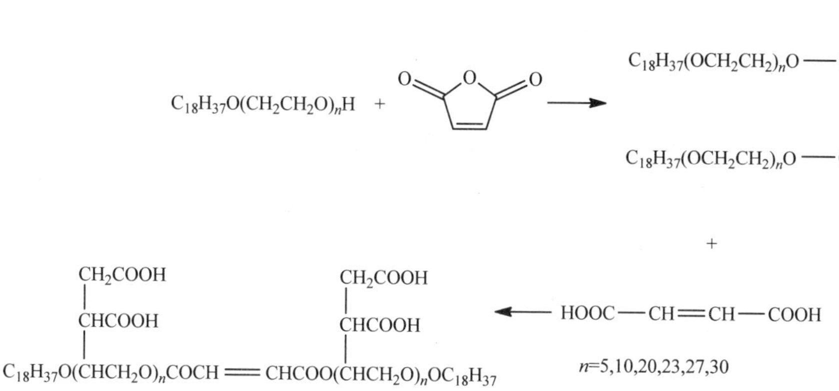

图 1-64　对称阴-非离子型 Gemini 表面活性剂的合成路线

（2）磺酸盐类

Philippe 等以十二烷基环氧烷为原料先生成联接基由醚键构成的双长链苄基醚化合物，再用钯催化还原其中一个羟基，并在该羟基上引入聚氧乙烯链，同样的方法氧化还原出另一羟基，经丙磺内酯磺化，合成亲水基为聚氧乙烯醚和磺酸根离子的阴-非离子型 Gemini 表面活性剂，合成路线如图 1-65 所示。

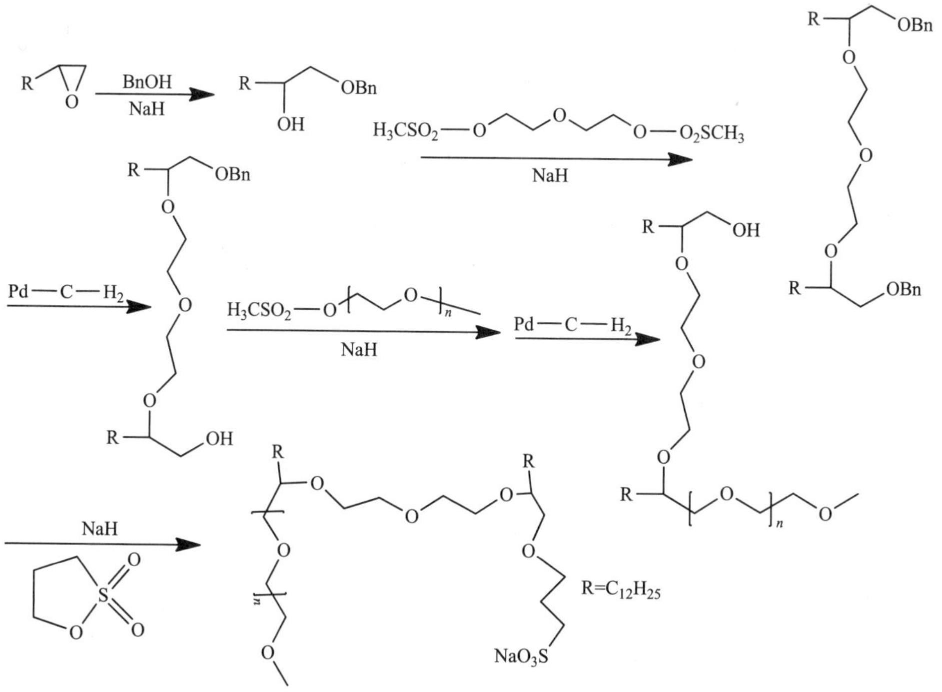

图 1-65　以醚氧键为联接基的阴-非离子型 Gemini 表面活性剂的合成路线

（3）硫酸酯类

Alami 小组首先以双氧水作氧化剂，进行碳碳双键的环氧化反应，再进行开环反应引入非离子亲水头基，最后氯磺酸羟基酯化得一种联接基为亚甲基的阴-非离子型 Gemini 表面活性剂，合成路线如图 1-66 所示。

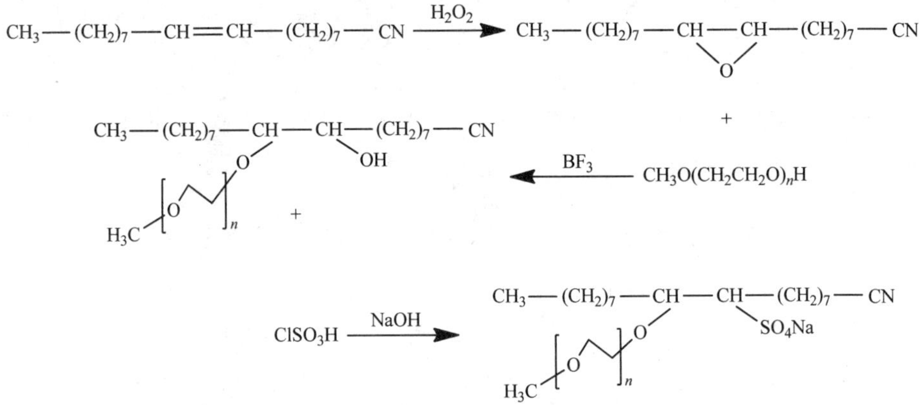

图 1-66　以亚甲基为联接基的阴-非离子型 Gemini 表面活性剂的合成路线

1.3.5　不对称低聚表面活性剂

不对称低聚表面活性剂的合成报道得比较少。赵秋伶等通过一锅法合成了含有羟基的双季铵盐低聚表面活性剂，再通过氯磺酸磺化，最后用氢氧化钠中和，得到三亲水基双季铵盐硫酸酯两性低聚表面活性剂，结构如图 1-67 所示。

Jaeger 等合成了头基分别为铵基和羧基的不对称型两性低聚表面活性剂，并研究了其表面活性，结构如图 1-68 所示。

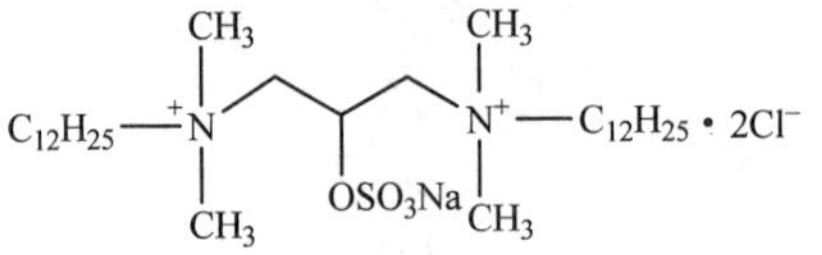

图 1-67　双季铵盐硫酸酯两性低聚表面活性剂的结构式

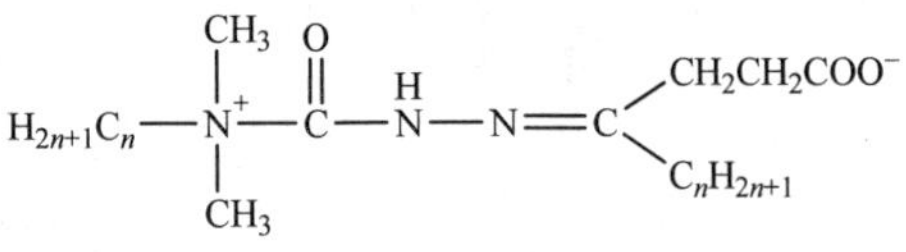

图 1-68　不对称型两性低聚表面活性剂的结构式

1.3.6　展望

低聚表面活性剂结构独特，具有低的 CMC 和 γ_{CMC}、在表/界吸附能力强、溶液聚集形态多样化、奇特的溶液流变性以及良好的配伍性等优异性能，使其在新材制备以及生物医学等领域具有广泛的应用前景。目前国内外对该类表面活性剂仍处于研究开发阶段，重点还集中在新品种的开发、物化性质及应用基础研究，存在原料来源成本高、合成步骤复杂以及分离提纯困难等问题。

鉴于其性能优越，后续工作应注重低表面活性剂结构与性能的对应关系研究，依据定量结构-性质相关原理从分子设计角度有针对性的将某些功能基团引入到分子结果中。通过分子模拟技术进行分子设计，建立结构性质模型，以指导新产品的合成，尤其针对目前研究较少非对称型低聚表面活性剂和阴离子-非离子型及阳离子-非离子型两性低聚表面活性剂。非对称型低聚表面活性剂和两性低聚表面活性剂在合成过程中存在联接基的引入、聚氧乙烯醚链的引入、季铵化、磺化、酯化等诸多反应，有的反应条件极为苛刻，因此应优化反应步骤，采用环境友好型合成路线，选择价廉易得的原料，开发新的提纯工艺，以降低成本，实现工业化生产。深化分子模拟技术对溶液行为的研究，加强与其他类型表面活性剂的复配研究，以降低其用量，又能充分发挥其良好的物化性能。

另外值得关注的还有磺酸盐型低聚表面活性剂，比羧酸盐型和磷酸盐型低聚表面活性剂具有更低的临界胶束浓度值，能提高传统非离子表面活性剂的浊点和增强洗涤能力，与传统的非离子表面活性剂有较好的复配性，奇特的流变特性和良好的抗盐性，而具有广阔应用前景，我们的前期研究表明，在磺酸盐型低聚表面活性剂中靠近亲水基团引入多个羟基，抗盐性可显著提高；低聚表面活性剂合成过程复杂、原料昂贵，阻碍了大规模工业化生产。因此，今后应注重：开发合成步骤少、成本低廉及环境友好型的制备工艺；加强低聚表面活性剂与其他表面活性剂之间的相互作用研究，开展工业化应用研究；加强三聚体和四聚体等低聚表面活性剂的合成技术研究，制备出性能更加优良的低聚表面活性剂；不断拓展新的应用领域，加强低聚表面活性剂在新材料、水污染和石油开采中化学驱油、压裂和稠油降黏等方面的应用研究，同时深入在生物医学（药物载体或基因治疗）等领域的应用研究。

1.4 低聚表面活性剂的性质研究进展

1.4.1 临界胶束浓度（CMC）和表面活性

临界胶束浓度是评价表面活性剂性能的重要指标之一。低聚表面活性剂普遍具有很高的表面活性。例如，阴离子型低聚表面活性剂的 CMC 比相应的单链表面活性剂低两到三个数量级，而阳离子型低聚表面活性剂的 CMC 比相应的传统表面活性剂低十几倍。

有研究者用胶团形成的自由能来分析它们 CMC 的差异，但经过计算，发现两者的胶团形成的自由能差别很小。目前普遍认为低聚表面活性剂具有两条以上疏水链，分子间容易靠近而形成胶束，导致 CMC 变小。传统的单链表面活性剂疏水链增加到一定长度时，在水中的溶解性显著变差，限制了其表面活性的进一步增强。低聚表面活性剂的亲水基数量较多，在水中可以同时具有良好的溶解性和一定有疏水性。另外，两个或两个以上亲水基被化学键通过联接基团连接起来，减少了亲水基间的静电斥力和水化层的障碍，促进了表面活性剂离子头基的紧密排列，降低表面张力的效能也随之提高。

通常以数字代码 n-s-m 表示低聚表面活性剂的结构，其中 n 和 m 代表疏水链的碳原子数，s 代表联接基团的碳原子数。对于 n-s-m 型季铵盐低聚表面活性剂，其 CMC 随疏水链长度的增加而递减。具有相同 $n+m$ 的低聚表面活性剂，如 12-2-16 和 14-2-14 具有相近的 CMC。说明临界胶束浓度取决于表面活性剂的总疏水链长度，与疏水链的对称性没有太大关系。对于 m-s-m(m=n)季铵盐低聚表面表面活性剂，当 s 小于 2 时，其 CMC 随着疏水链长度的增加而减小；当 s=2~6 时，其 CMC 又随着联接基团长度的增加而增大；而当 s 大于 6 时，其 CMC 随着联接基团长度的增加而减小。联接基团为氧乙烯基团的羧酸盐低聚表面活性剂的 CMC 取决于联接基团的结构，随着联接基团上氧乙烯单元数目的增加而增大，这是因为 CMC 随着表面活性剂总疏水程度的增加而减小，增加联接基团上的氧乙烯单元数目意味着溶液表面活性离子的总面积增大了。

Masuyama 等研究低聚表面活性剂时发现，饱和疏水链表面活性剂的 CMC 通常低于疏水链含有 C═C 的低聚表面活性剂。对于联接基团含有 C═C 的低聚表面活性剂的 CMC 和相应的饱和联接基团的低聚表面活性剂相比变化很小，说明 CMC 不受表面活性剂分子中联接基团上的不饱和键的影响。

Zhu 等以长链脂肪醇和乙二醇二缩水甘油醚为原料合成了一系列阴离子低聚表面活性剂，当联接基团和疏水链均相同时，亲水基不同对其 CMC 有很大影响，变化的顺序为

$$—OCH_2COONa > —OP(O)(OH)(ONa) > —O(CH_2)_nSO_3Na > —OSO_3Na$$

C_{20} 是表示降低溶剂的表面张力 20mN/m 时所需要的表面活性剂浓度，该值越小，表示表面活性剂在界面上的吸附能力越强，可以作为表征表面活性剂降低表面张力效率的量度。有学者做过相关研究，将双子表面活性剂与相应的传统单链表面活性剂十二烷基三甲基溴化铵作对比，发现双子表面活性剂的 C_{20} 低了大约 20 倍，表明低聚表面活性剂降低表面张力的效率更高。

通常，随着疏水链的增加，C_{20} 会相应降低，相应的 pC_{20}（降低表面张力的效率，pC_{20}=$-\log C_{20}$）增加。1991 年，Menger 等发现当低聚表面活性剂的碳原子数增加到某一程度后，其 CMC 和 C_{20} 值明显高于预测值，当碳原子数超过这一程度后，表面活性随碳原子数的增加开始降低，并认为是联接基团的作用引起了低聚表面活性剂成胶团前的自身缔合。1996 年，Rosen 等发表了低聚表面活性剂成胶团前普遍存在自身缔合现象的观点。

1.4.2 Krafft 点

低聚表面活性剂分子中由于含有多个亲水基团，其在水中的溶解性通常比传统单链的表面活性剂更好。离子型低聚表面活性剂的 Krafft 点远低于相应碳链的传统单基表面活性剂，通常均低于 0℃。这是由于低聚表面活性剂离子中含有两个或两个以上亲水基，具有很强的亲水性，同时其分子具有多条疏水链，容易在溶液表面吸附，并在溶液中形成胶束，从而具有低的 Krafft 点。

表面活性剂溶液通常是在高于 Krafft 点温度时，将表面活性剂溶解于水中配制而成。传统的表面活性剂，若温度低于 Krafft 点，则溶液很快会有沉淀析出。然而，低聚表面活性剂溶液却表现得比较奇特，产生沉淀所需的时间和表面活性剂的性质及溶液浓度有很大关系；溶液冷却到 Krafft 点后并不一定立刻产生沉淀，有时候可能需要很长的时间才能观察到沉淀物。

1.4.3 增溶性

由于增溶作用只发生在 CMC 值以上，而低聚表面活性剂具有更低的 CMC 和蓬松的胶团结构，在极低的浓度下即开始形成胶团，所以低聚表面活性剂对有机物有更强的增溶性。Rosen 等研究发现，相同长度的碳链下，不同低聚表面活性剂的增溶能力顺序为非离子型＞阳离子型＞阴离子型，季铵盐低聚表面活性剂在溶液中会形成棒状或筒状胶束，胶束的半径随着疏水链增长而变大，因而对有机物的增溶能力也随之增强。

周明等人通过冷冻刻蚀电镜发现两性三聚表面活性剂在一定盐度和温度下能形成长度 1000nm 蠕虫状胶束，但是随着盐度和温度的增加，蠕虫状胶束发生支化变短，形成长度 100～500nm 蠕虫状胶束。

1.4.4 协同效应

合适的表面活性剂混合体系不仅能表现出比单一表面活性剂体系高得多的表面活性，且能够大幅降低成本。表面活性剂的复配使混合物的某种性质超出了其单组分性质范围，在组成-性质曲线上出现最低点或最高点，这种效应就称为协同效应。因此，目前低聚表面活性剂的研究工作有很大部分集中在和传统表面活性剂的复配上，希望能出现协同效应。

两种表面活性剂混合体系的协同效应存在与否不仅取决于混合体系中各组分表面活性剂的相关性质，同时取决于它们之间相互作用的程度。为使两种表面活性剂产生协同效应，它们的相关性质不能相差太大，且必须能互相吸引。

Rosen 系统研究了离子型低聚表面活性剂与其他表面活性剂的二元复配体系。与传统表面活性剂相比，低聚阴离子表面活性剂与两性或非离子型表面活性剂的复配效果更佳。当低聚表面活性剂的疏水链长度超过一定程度时，无论体系是否存在其他表面活性剂，该体系的界面活性均会显著降低，这种特殊现象使得低聚表面活性剂在工业领域具有特殊用途。赵剑曦等对双子表面活性剂的二元复配体系混合性质进行了大量研究，发现己醇可使阳离子低聚表面活性剂的 CMC 降低，且双子表面活性剂的联接基团长度越大，己醇的影响越显著，混合胶团表面反离子解离度随己醇浓度增大而增大，可见己醇也参与组成了混合胶团。

1.4.5 低聚表面活性剂的界面性质

1. 低聚表面活性剂液固界面的性质

有学者研究了 DTAB、二聚体、三聚体在水/硅胶界面上的饱和吸附量大小，得到的结果为：单体＞二聚体＞三聚体。以二聚体为例，随着联接基团长度的减小，二聚体在氧化硅表面的吸附量增加。

2. 低聚表面活性剂在气液界面的性质

低聚表面活性剂与相应疏水链的传统表面活性剂相比，C_{20} 普遍较大，但 CMC 对应的表面张力差别不大。CMC/C_{20} 的值越大表明该表面活性剂易于在界面吸附，而形成胶团困难。Menger 认为这是界面排列效应使表面活性剂周围的水结构发生改变的缘故，而 Rosen 则认为这是由疏水链使水结构发生变形而导致的。

1.5 低聚表面活性剂应用前景

传统表面活性剂已广泛用于生产生活各个领域，人们称为工业味精，而低聚表面活性剂由于具备更加优异的性能而将是工业味精的新一代精品。由于低聚表面活性剂的特殊结构，它不仅具有高表（界）面活性，而且产生新形态聚集体和独特的流变性，除了可普遍作为日化用品外，还将在石油工业、纳米材料制备、化学化工、生物技术等领域中受到重视。

1.5.1 石油工业

1. 三次采油

提高表面活性剂采收率主要是利用驱替流体与被驱替原油具有低界面张力的

特征，驱替过程中界面张力对采收率起着重要影响。而低聚表面活性剂具有高的界面活性和良好的水溶性，临界胶束浓度低，耐温性好，抗盐能力强，而且在一定浓度下具有较大的黏度并表现出黏弹性，能有效地避免类似三元复合驱体系在流动中的色谱分离，因此在三次采油领域具有良好的前景。

西南石油大学罗平亚院士合成了一系列不同疏水链长度、不同联接基长度的阳离子型低聚表面活性剂，在较低的浓度下（0.02g/L）和较宽的盐度范围内，将油/水界面张力降至超低，而单链的表面活性剂在同样条件不能达到超低界面张力。盐对低聚表面活性剂降低油水界面张力有协同效应，可显著降低油水界面张力。但由于阳离子低聚表面活性剂也存在缺陷，易吸附在带负电荷的油层矿物表面，因此用量较大。

2. 清洁压裂液

压裂作为油气藏的主要增产、增注措施已得到迅速发展和广泛应用，压裂液是压裂技术的重要组成部分，而低聚表面活性剂已经成功用于清洁压裂液。斯伦贝谢公司成功地将黏弹性表面活性剂（VES）应用于清洁压裂液以来，取得了很好的压裂效果，并达到长期开采的目的。当低分子长链脂肪酸衍生物季铵盐阳离子表面活性剂作压裂液时，能有效地输送支撑剂，同时有效地降低输送摩擦阻力。由于该类压裂液无残渣、耐高温、黏度大、返排性好、流变性好、携砂能力强等，既可以提高采收率，又能有效降低对地层的伤害，展现出良好的应用前景。

1.5.2 新材料制备方面

Voort 等发现，通过阳离子低聚表面活性剂（C_n-s-C_m，s 为联接基）作为模板剂，可以制备不同晶相、不同孔径的高质量的纯硅胶。当 s 有 10～12 个碳时，可制立方相介孔分子筛 MCM-48；s 较小时，适于制备六方相的介孔分子筛 MCM-41，而传统表面活性剂只能制备 MCM-41。

周晓东等合成了两种咪唑啉型低聚表面活性剂二[2-十一（十七）烷基-1 甲酰胺乙基咪唑啉]己二胺季铵盐，并以 Zn(Ac)$_2$·2H$_2$O 为锌源，硒粉为硒源，水合肼为还原剂，双季铵盐为表面修饰剂，制备球形 ZnSe 纳米材料，并发现该低聚表面活性剂具有良好的形貌控制和表面修饰作用。

1.5.3 化学化工方面

Chen 等用 1，3-双（十二烷基-N，N-二甲基铵）-2-丙醇氯化物，通过电动毛细管色谱柱将 17 种麦角碱混合物完全分离开（在 293K，pH=3.0，50mmol/L 的磷酸缓冲液条件下),而对应的单链表面活性剂则不能将 17 种麦角碱混合物分离开。这是利用了低聚表面活性剂溶液胶束的超强溶解能力,它不仅可以除去低分子有机物,同时还可以分离多价金属离子。

陈功等以新型的磺酸型低聚表面活性剂(9BA-4-9BA)作为乳液聚合中的乳化剂和掺杂剂制备导电聚苯胺。通过扫描电镜观察发现,当表面活性剂与苯胺物质的量比为 1.5:1 时,得到的聚苯胺为纤维状,纤维长度大约为 50μm。

1.5.4　生物技术方面

在生物领域,酶是具有生物活性的蛋白质,是决定生物体系中化学转化方式的卓越非凡的分子器件,在医药合成领域扮演重要角色。低聚表面活性剂极易形成胶束,通过反胶束萃取法可以实现生物物质的分离。该法的优点在于通过低聚表面活性剂油相的浓度超过 CMC 时,能够形成多分子聚集体且自发地聚集在非极性溶剂中,从而从水溶性蛋白质中分离出酶,而达到提纯的目的。Katarina 等研究表明,季铵盐型低聚表面活性剂可以将复杂的蛋白质分子分裂为若干多肽链,同时能有效地抑制细菌的活性。

尚亚卓等研究表明:低聚表面活性剂 12-6-12 与 DNA 的作用较传统表面活性剂更强烈。DNA 引导表面活性剂在其链周围形成类胶束结构,开始形成类胶束时的临界聚集浓度(CAC)比纯表面活性剂临界胶束浓度低两个数量级。随表面活性剂浓度的增加,DNA/12-6-12 复合物经历了一系列的变化:表面活性剂球状聚集体随机分散在 DNA 链上类似串珠的结构、尺寸较大的球形复合物及其由于吸附多余的表面活性剂重新带正电而被溶解得到的较小 DNA/12-6-12 聚集体。相应地,12-6-12 也能诱导 DNA 构象发生变化。

1.5.5　日用化学方面

传统阴离子表面活性剂以其较好的乳化性能、去污性能、钙皂分散能力而应用在日用化工领域的各个方面,而低聚表面活性剂的表面活性更高,CMC 更低,因此溶液中非胶束化浓度更低,从而可以有效地降低毒性,减轻刺激性,以便配制新型低浓度的洗涤剂溶液。另外其在较低浓度下就表现出黏弹性,有助于化妆品黏度的形成,因此也被用于温和型的护理品中。例如,低聚表面活性剂 $[C_mH_{2m+1}CO]_2[(C_2H_4O)_x]_2(CH_2)_s$ 已经成功用在了一种温和的香波配方中。一些阴离子型低聚表面活性剂被用作护肤品和护发品中的乳化剂或分散剂。它们可以与共乳化剂脂肪酸、脂肪醇、烷基葡萄糖苷、山梨醇脂肪酸酯等复合制成小粒径分散态产品。

贾丽霞等的研究表明：双十二烷基硫酸酯钠盐及其复配剂的协同增效，不仅对不同棉用染料发生作用，而且提高了活性染料对棉纤维的染色深度，显著降低了无机盐和碱剂的用量，为羊毛及其混纺染色提供了潜在研究价值。

参 考 文 献

[1] Zana R. Micellization of amphiphiles: selected aspects[J]. Colloids and Surface A: Physicochemical and Engineering Aspect, 1997, (123-124): 27-35.

[2] 赵剑曦. 低聚表面活性剂——从分子结构水平上调控有序聚集体[J]. 日用化学工业, 2002, 32 (3): 39-42.

[3] 赵剑曦. 新一代表面活性剂: Gemini[J]. 化学进展, 1999, (11): 348-357.

[4] Frederick C B, Verona N J. Washing composition [P]. US: 2524218, 1950-10-03.

[5] Quencer L B. The Detergency properties of mono and dialkylated mono and disulfonated diphenyl oxide surfactants [C]. Proceedings of the 4th World Surfactant Congress, Barcelona, 1996.

[6] Bunton C A, Robinson L. Catalysis of nucleophilic substitutions by micelles of dicationic detergent [J]. Journal of Organic Chemistry, 1971, 36 (3): 2346-2352.

[7] Deinega Y, Ulberg Z R, Marochko L G. Metal-polymer coatings based on a lead-zinc alloy [J]. Powder Metallurgy and Metal Ceramics, 1976, 15 (1): 23-26.

[8] Okahara M, Masuyama A, Zhu Y P, et al. Surface active properties of new type of amphipathic compounds with two hydrophilic ionic groups and two lipophilic alkyl chains [J]. Journal of Japanese Oil Chemists Society, 1988, 37: 746-747.

[9] Zhu Y P, Masuyama A, Okahara M, et al. Preparation and surface active properties of amphipathic compounds with two sulfate groups and two lipophilic alkyl chains [J]. JAOCS, 1990, 67 (7): 459-463.

[10] Zhu Y P, Masuyama A, Okahara M, et al. Preparation and properties of double-chain surfactants bearing two sulfonate groups [J]. Journal of Japanese Oil Chemists Society, 1991, 40 (6): 473-477.

[11] Zhu Y P, Masuyama A, Okahara M, et al. Preparation and surface-active properties of new amphipathic compounds with two phosphate groups and two long-chain alkyl groups [J]. JAOCS, 1991, 68 (4): 268-271.

[12] Zhu Y P, Masuyama A, Okahara M, et al. Preparation and properties of double-or triple-chain surfactants with two sulfonate groups derived from N-acyldiethanolamines [J]. Langmuir, 1991, 68 (7): 539-543.

[13] Menger F M, Littalu C A. Gemini surfactants: synthesis and properties[J]. Journal of the American Chemical Society, 1991, (113): 1451-1452.

[14] Menger F M, Littalu C A. Gemini surfactants: a new class of self-assembling molecules[J]. Journal of the American Chemical Society, 1993, (115): 1083-1090.

[15] Zana R, Benrraou M, Rueff R. Alkanediyl-α, w-bis(dimethylalkylammonium bromide)surfactants 1. Effect of the spacer chain lenghth on the critical micelle concentration and micelle ionization degree [J]. Langmuir, 1991, 7: 1072-1075.

[16] Alami E, Levy H, Zana R. Alkanediyl-α, ω-bis (dimethyl alkyl ammonium bromide) Surfactants. 2. Structure of the Lyotropic Mesophases in the Presence of Water [J]. Langmuir, 1993, 9: 940-944.

[17] Alami E, Beinert G, Zana R. Alkanediyl-α, ω-bis (dimethylalkylammonium bromide) surfactants. 3. Behavior at the air-water interface [J]. Langmuir, 1993, 9: 1465-1467.

[18] Frindi M, Michels B, Zana R. Alkanediyl-α, ω-bis (dimethylalkylammonium bromide) surfactants. Ultrosonic absorption studies of amphiphile exchange between micelles and bulk phase in aqueous micellar solutions [J]. Langmuir, 1994, 10: 1140-1145.

[19]　Danino D，Talmon Y，Zana R. Alkanediyl-α, ω-bis（dimethylalkylammonium bromide）surfactants. 5. Aggregation and microstructure in aqueous solutions [J]. Langmuir，1995，11：1448-1456.

[20]　Zana R，Levy H. Alkanediyl-α, ω-bis（dimethylalkylammonium bromide）surfactants（dimeric surfactants）. CMC of the ethanediyl-1, 2-Bis（dimethyl alkyl ammonium bromide）series [J]. Colloids Surfaces A, 1997, 127 (1-3)：229-232.

[21]　Zana R. Bolaform and Dimeric Surfactants，Specilist Surfactants [C]. Blakie Academic and Professional，London，1997：80-103.

[22]　Rosen M J, et al. Relationship of structure to properties of surfactants. 16. Linear decyldiphenylether sulfonates [J]. JAOCS，1992，69（1）：30-33.

[23]　Rosen M J. Geminis：A new generation of surfactants [J]. Chemistry Technology，1993，23（3）：30-33.

[24]　Rosen M J，Zhu Z H, Gao T. Synergism in binary mixture of surfactants [J]. Journal of Colloid Interface Science，1993，157（1）：254-259.

[25]　Rosen M J，et al. Normal and abnormal surface properties of Gemini surfactants [C]. Proceeding of the 4th World Surfactants Congress，Barcelona，1996，2：416-423.

[26]　Menger F M，Seredyuk V A，Apkarian R P，et al. Depth-profiling with giant vesicle membranes [J]. Journal of the American Chemists Society，2002，124（42）：12408-12409.

[27]　Zana R，Xia J D. Gemini Surfactant：Synthesis，Interfacial and Iolution Phase Behavior，and Applications[M]. New York：CRC Press，2003.

[28]　王江，王万兴. Gemini 两性离子表面活性剂合成及在浓乳剂中的应用[D]. 大连：大连理工大学硕士学位论文，1997.

[29]　Zheng O，Zhao J X，Yan H. Dilution method study on the interfacial composition and structural parameters of water/C_{12}-EOx-C_{122}Br/n-hexanol/n-heptane microemulsions：Effect of the oxyethylene groups in the spacer [J]. Journal of Colloid and Interface Science，2007，310（1）：331-336.

[30]　Zheng O，Zhao J X，Chen R T. Aggregation of quaternary ammonium gemini surfactants C_{12}-s-C_{12}·2Br in n-heptane/n-hexanol solution：Effect of the spacer chains on the critical reverse micelle concentrations [J]. ibid，2006，300（1）：310-313.

[31]　赵剑曦. 杂双子表面活性剂的研究进展[J].化学进展，2005，17（6）：987-993.

[32]　Jiang R，Huang Y X，Zhao J X. Aqueous two-phase system of an anionic gemini surfactant and a cationic conventional surfactant mixture [J]. Fluid Phase Equilibria，2009，277（2）：114-120.

[33]　赵剑曦，朱永平，游毅. C_{12}-s-C_{12}·2Br 和己醇混合水溶液的胶团化行为[J]. 物理化学学报，2003，19（6）：557-559.

[34]　陈文君，顾强，李干佐. 添加剂对双子表面活性剂 DYNOL-604 浊点的影响[J]. 化学学报，2002，60（5）：810-814.

[35]　姚志刚，李干佐，董凤兰. Gemini 表面活性剂合成进展[J]. 化学进展，2004，16（3）：349-364.

[36]　Song X Y，Li P X，Wang Y L. Solvent effect on the aggregate of fluorinated Gemini surfactant at silica surface [J]. Journal of Colloid and Interface Science，2006，304（1）：37-44.

[37]　Li Y J，Wang X Y，Wang Y L. Comparative studies on interactions of bovine serum albumin with cationic Gemini and single-chain surfactants [J]. Journal of Physics and Chemistry B，2006，110：8499-8505.

[38]　Wang Y X，Han Y C，Wang Y L. Aggregation behaviors of a series of anionic sulfonate Gemini surfactants and their corresponding monomeric surfactant [J]. ibid，2008，319（2）：534-541.

[39]　杜丹华，王全杰，朱先义. Gemini 表面活性剂的研究进展及应用[J].2010，27（1）：18-23.

[40]　Zana R，Levy H，Papoutsi D，et al. Micellezation of two triquar ternary ammonium surfactants in aqueous solution [J]. Langmuir，1995，11（10）：3694-3698.

[41]　Reiko O，Ivan H. Aggregation properties and mixing behavior of hydrocarbon fluorocarbon and hlyhrid hydrncarbon-floorocarbon cationic dimeric surfactants[J]. Langmuir，2000，16（25）：9759-9769.

[42]　Menger F M，Migulin V. Synthesis and properties of multiarmed geminis[J]. The Journal of Organic Chemistry，1999，64（24）：8916-8927.

[43]　陈功，黄鹏程. 新型双联阳离子活性剂的合成与表征[J]. 石油化工，2002，31（3）：194-197.

[44]　李进升，方波，姜舟，等.新型三联阳离子表面活性剂的合成[J]. 华东理工大学学报（自然科学版），2005，3（4）：425-429.

[45]　Esumi K，Goino M，Koide Y. Adsorption and adsolubilization by monomeric，dimeric，or trimeric quaternary ammonium surfactant at silica/water interface. Journal of Colloid Interface Science，1996，183．539-545.

[46]　Esumi K，Goino M，Koide Y. The effect of added salt on adsorption and adsolubilization by a Gemini surfactant on silica. Colloid and Surfaces A：Physicochemical and Engineering Aspects[J]. 1996，118：161-166

[47]　Menger F M，Migulin V. Synthesis and properties of multiarmed geminis [J]. The Journal of Organic Chemistry，1999，64（24）：8916-8921.

[48]　Zhu Y P，Masuyama A，Kobata Y，et al. Double-chain surfactants with two carboxylate groups and their relation to similar double-chain Compounds[J]. Journal of Colloid and Interface Scienee，1993，158（1）：40-45.

[49]　Renouf P，Hebrault D，Desmurs J R，et al. Synthesis and surface-active properties of a series of new anionic Gemini compounds [J].Chemistry and Physics of Lipids，1999，99（1）：21-32.

[50]　沈之芹，李应成，翟晓东，等.羧酸盐 Gemini 表面活性剂合成及性能[J]. 化学世界，2010，（2）：111-114.

[51]　Leslie R D. Sodium salts of bis（1-dodecenylsuccinamic acids）：A simple route to anionic Gemini surfactants[J]. Journal of Colloid and Interface Science，2001，238：447-448.

[52]　黄智，李成海，梁宇宁，等.N,N'-双月桂酰基乙二胺二乙酸钠合成方法的改进[J].精细化工，2002，19（1）：1-3.

[53]　Hironobu K，Nagahiro M，Kazuyuki T. Comparison between phase behavior of anionic dimeric（Gemini-type）and monomeric surfactants in water and water-oil[J]. Langmuir，2000，16（16）：6438-6444.

[54]　李杰，佟威，陈巧梅，等. 新型羧酸盐 Gemini 表面活性剂的合成及表面活性[J].科学技术与工程，2011，11（9）：2030-2033.

[55]　李嘉，乌永兵，杨彦东，等. 双正辛酸酯基酒石酸钠的合成条件优化及性能评价[J].应用化工，2009，38（9）：1358-1360.

[56]　杜恣毅，游毅，姜蓉，等. 含对苯氧基联接链的羧酸盐 Gemini 表面活性剂合成及胶团化特性.高等学校化学学报，2003，24（11）：2056-2059

[57]　Xie D H，Zhao J X. Unique aggregation behavior of a carboxylate gemini surfactant with a long rigid spacer in aqueous solution[J]. Langmuir，2013，29（2）：545-553.

[58]　Xie D H，Zhao J X，You Y. Construction of a highly viscoelastic anionic wormlike micellar solution by carboxylate Gemini surfactant with a p-dibenzene diol spacer[J]. Soft Matter，2013，（28）：6532-6539.

[59]　孙宏华，胡志勇，曹端林，等.羧酸盐型 Gemini 表面活性剂的合成及表征[J].河北化工，2013，36（2）：46-48.

[60]　谭中良，袁向春. 新型阴离子孪连表面活性剂的合成[J]. 精细化工，2006，23（10）：945-949.

[61]　谭中良. Gemini 表面活性剂的特性及耐盐活性研究[J]. 精细与专用化学品，2006，14（11）：50-54.

[62]　Li R X，Tracy D J. Anionic Gemini Surfactants and Methods for Their Preparation[P]. USP 5 952 290,1999-09-11.

[63]　Du X，Lu Y，Li L，et al. Synthesis and unusual properties of novel alkylbenzene sulfonate gemini surfactants[J].

colloids Surface A，2007，290：132-137.

[64] 苏瑜，马德福，薛仲华. 十二烷基二苯醚二磺酸钠的合成[J]. 精细化工，2002，19（8）：443-445.

[65] 刘祥. 固体超强酸催化合成十二烷基二苯醚磺酸盐[J]. 四川化工，2004，02：10-13.

[66] 于涛，胡龙江，丁伟. 新型表面活性剂——双烷基双磺酸钠基二苯甲烷的合成与性能[J]. 大庆石油学院学报，2004，01：35-37，120.

[67] 蔡明建，张明杰，马朋高. 烷基苯磺酸盐 Gemini 的合成与性能[J]. 化工进展，2009，09：1635-1638.

[68] Tomomichi O，Naoyuki E，Masami F，et al. α-Sulfonated fatty acid esters: solution behavior of α-sulfonated fatty acid polyethylene glycol esters[J]. Journal of the American Chemists Society，1996，73（1）：31-37.

[69] Alargova R G，Kochijashky I，Sierra M L，et al. Mixed micellization of dimeric（gemini）surfactants and conventional surfactants [J]. Journal of Colloid and Interface Science，2001，235：119-129.

[70] 金瑞娣，吴东辉，张海军. Gemini 型磺基琥珀酸酯盐表面活性剂的合成与性能[J]. 化学世界，2007，48（6）：353-356.

[71] Van Z A，Bouman J T，Deuling H H，et al. The synthesis and performance of anionic gemini surfactants [J]. Tenside Surfactant Detergents，1999，36（2）：84-86.

[72] Sakatani T，Okano T. Detergent Composition[P]. JP07-011 289，1995-01-13.

[73] Okano T，Tanabe J，Egawa N，et al. Detergent Composition [P]. JP 06-172 784，1994-06-02.

[74] 姚志钢，周楷. N，N'-双油酰基乙二胺二乙磺酸钠的合成[C].表面活性剂技术经济文集，大连：大连出版社，2005：83-87.

[75] 胡星琪，赵田红. 一种阴离子型双子表面活性剂的合成与表征[P]：中国，200610021918. X. 2007-03-28.

[76] Li Z J，Yuan R，Liu Z Y，et al. Synthesis of a novel dialkylaryl disulfonate gemini surfactant[J]. Journal of Surfactants and Detergents，2005，8（4）：337-340.

[77] Xin L，Zhi Y H，Hai L Z，et al. Synthesis and properties of novel alkyl sulfonate gemini surfactants[J]. Journal of Surfactant Detergents，2010，13：353-359.

[78] Marcelo C M，María I C，Javier F G. New oligomeric surfactants with multiple-ring spacers: Synthesis and tensioactive properties[J]. Colloids and Surfaces A：Physicochemical and Engineering Aspects，2005，262（1-3）：1-7.

[79] Menger F M，Littau C A. Gemini surfactants: A new class of self-assembling molecules[J]. Journal of the American Chemists Society，1993，115（22）：10083-10090.

[80] Duivenvoorde F L. Synthesis and properties of di-n-dodecyl α，ω-alkyl bisphosphate surfactants[J]. Langmuir，1997，13（14）：3737-3743.

[81] Mariano J L C，Jose K，Alicia F C. Gemini surfactants from alkyl glucosides[J]. Tetrahedron Letters，1997，38（23）：3995-3998.

[82] Gattmann A T. Sulfoalkylated imidazolines[P]. US 3 244 724，1966.

[83] Kumar A，Menger F M，Alami E. Branched zwitterionic gemini surfactants micellization and interaction with ionic surfactants[J]. Colloids and Surfaces A：Physicochemical and Engineering Aspects，2003，228（1-3）：197-207.

[84] Blanzat M，Perez E，Rico-lattes.Synthesis and anti-HIV activity of catanionic analogs of galactosyceramide[J]. New Journal of Chemistry，1999，23：1063-1065.

[85] Alami E，Holmberg K，Eastoe J. Adsorption properties of novel Gemini Surfactants with nonidentical head groups[J]. Journal of Colliod and Interface Science，2002，247：447-455.

[86] Deboleena S，Debosreeta B，Atanu M，et al. Differential interaction of β-cyclodextrin with lipids of varying surface charges：A spectral deciphering using a cationic phenazinium dye[J] .Journal of Physics and Chemistry B，

2010，114（6）：2261-2269.

[87]　Menger F M，Peresypkin A V. Zwitterionic geminic oacervate formation from a single organic compound[J].Organic Letters，1999，1（9）：1347-1350.

[88]　Kumar A，Alami E，Holmberg K. Branchedzwitterionic gemini surfactants micellization and interaction with ionic surfactants[J].Colloid and Surfaces A：Physicochemical and Engineering Aspects，2003，228（1-3）：197-207.

[89]　于明君，陈洪龄，韦亚兵. 新型双子两性表面活性剂的合成及性能[J]. 南京工业大学学报，2005，27（5）：62-66.

[90]　Hegazya M A，Abdallahb M，Ahmedb H. Novel cationic gemini surfactants as corrosion inhibitors for carbon steel pipelines[J].Corrosion Science，2010，52（9）：2897-2904.

[91]　Chen X，Liang S W，Zhu L，et al. High-sensitivity determination of curcumin in human urine using geminizwitterionic surfactant as a probe by resonance light scattering technique[J]. Phytochem Analysis，2012，23（5）：456-461.

[92]　Zhou T H，Zhao J X. Synthesis and thermotropic liquid crystalline properties of zwitterionicgemini surfactants containing a quaternary ammonium and a sulfate group[J].Journal of Colloid and Interface Science，2009，338（1）：156-162.

[93]　Zhou T H，Zhao J X. Synthesis and thermotropicliquid crystalline properties of heterogemini surfactants containing a quaternary ammonium and a hydroxyl group[J]. Journal of Colloid and Interface Science，2009，331（2）：476-483.

[94]　王艳.新型两性离子型 Gemini 表面活性剂的制备及性能研究[D]. 天津：天津大学，2010.

[95]　Zhang Z，Zhang Z X，Liu Y R，et al. Synthesis and surface properties of novel Gemini surfactant[J].Tenside Surfactants Detergents，2012，49（5）：413-416.

[96]　Zhan F X，Yu J F. Synthesis and properties of alkibetaine zwitterionic gemini surfactants[J]. Journal of Surfactants and Detergents，2010，13（1）：51-57.

[97]　张婷婷. 含三嗪环阳离子 Gemini 表面活性剂的合成与性能研究[D]. 太原：中北大学，2011.

[98]　赵田红，董阳阳，彭国峰，等. 两性双子表面活性剂的合成及性能评价[J]. 应用化工，2011，40（7）：1219-1222.

[99]　王孝科，田牧. 新型两性双子表面活性剂的合成与表面活性研究[J]. 精细石油化工，2008，25（3）：17-20.

[100]　Klaus K. Betaine gemini surfactants made from amines[P]. USA：6034271，2000-7.

[101]　Tomokazu Y，Tomoko I，Megumi K，et al. Synthesis and surface-active properties of sulfobetaine-type zwitterionicgemini surfactants[J]. Colloids and Surface A：Physicochemical and Engineering Aspects，2006，723（1）：208-212.

[102]　胡星琪，方裕燕，杨彦东，等.DYSB 两性双子表面活性剂的合成与性能测定[J].应用化工，2011，40（4）：670-673.

[103]　Geng X F，Hu X Q，Xia J J，et al. Synthesis and surface activities of a novel di-hydroxyl-sulfate-betaine-type zwitterionicgemini surfactants[J].Applied Surface Science，2013，271：284-290.

[104]　Jie F，Xue P L，Lu Z，et al. Dilational viscoelasticity of the zwitterionic gemini surfactants with polyoxyethylene spacers at the interfaces[J]. Journal of Dispersion Science and Technology，2011，32（11）：1537-1546.

[105]　杨青，方波. 一种新型双联两性表面活性剂的合成与性能[J]. 高校化学工程学报，2009，23（1）：110-115.

[106]　赵田红，夏吉佳，蒲万芬，等. 一种新型阳非两性双子表面活性剂的合成及性能[J]. 精细化工，2013，30（11）：1214-1217.

[107]　沈之芹，李应成，沙鸥，等. 高活性阴离子-非离子双子表面活性剂合成及性能[J]. 精细石油化工进展，2011，12（9）：25-29.

[108]　顾义师，黄丹. 新型双子表面活性剂的制备及性能研究[J]. 化学通报，2013，76（6）：537-543.

[109] Philippe R, Charles M, Luc L. Dimericsurfactants: First synthesis of an asymmetrical gemini compound[J].Tetrahedron Letters, 1998, 39 (11): 1357-1360.

[110] Alami E, Holmberg K, Eastoe J. Adsorption properties of novel gemini surfactants with nonidentical head groups[J]. Journal of Colloid and Interface Science, 2002, 247 (2): 447-455.

[111] 赵秋伶, 蔡秀琴. 一锅煮法合成联接基团含羟基的季铵盐 Gemini 表面活性剂[J]. 广州化工, 2009, 04: 124-125.

[112] Jaeger D A, Wang Y P, Pennington R L. Pyrophosphate-based gemini surfactants[J]. Langmuir, 2002, 18: 9259-9266.

[113] Zana R. Dimeric and oligomeric surfactants behavior at interfaces and in aqueous solution: A review[J]. Advances Colloid and Interface Science, 2002, 97 (1-3), 205-253.

[114] 王月星, 韩冬, 王红庄, 等. Gemini 表面活性剂的吸附、自聚和性质[J]. 化学世界, 2003, 44 (4): 216-219.

[115] 赵忠奎, 乔卫红, 李宗石. Gemini 表面活性剂[J].化学通报, 2002, 65 (8): W059.

[116] Pestman J M, Terpstra KR, Stuart M C A, et al. Nonionic bolaamphiphlies and Gemini surfactants based on carbohydrates[J]. Langmuir, 1997, 13: 6857.

[117] Masuyama A, et al. Ozone-cleavable gemini surfactants. Their surface-active properties, oznolysis, and biodegradability[J]. Langmuir, 2000, 16: 368-377.

[118] Fredric M M, Vasily A M. Synthesis and properties of multiarmed Geminis[J]. Journal of Organic Chemistry, 1999, 64 (24): 8916-8921.

[119] Zhu S, Cheng F, Wang J. Anionic gemini surfactants: synthesis and aggregation properties in aqueous solutions[J]. Journal of Colloids and Surface A, 2006, 281: 35-39.

[120] Liu L, Rosen M J. The interaction of some novel diquar-ternary gemini surfactants with anionic surfactants[J]. Journal of Colloid Interface Science, 1996, 179 (2): 454-459

[121] Jiang R, Ma Y H, Zhao J X. Adsorption dynamics of binary mixture of gemini surfactant and opposite-charged conventional surfactant in aqueous solution [J]. ibid, 2006, 297 (2): 412-418

[122] Chorro C, Chorro M, Dolladillo O, et al. Adsorption of dimeric (gemini) surfactants at the aqueous solution/silica interface[J]. Journal of Colloid and Interface Science, 1998, 199 (2): 169-176.

[123] Menger F M, Keiper J S. Gemini surfactants[J]. Angewandte Chemie, 2000, 39: 1906-1920.

[124] 谭中良, 韩冬, 杨普华. 孪连表面活性剂的性质和三次采油中应用前景[J]. 油田化学, 2003, 20(2): 187-191.

[125] 徐鹏, 何珩, 罗平亚. 表面活性剂对疏水缔合聚合物水溶液性质的影响[J]. 油田化学, 2001, 03: 285-290.

[126] 汪祖模, 徐玉佩. 两性表面活性剂[M]. 北京: 中国轻工业出版社, 1990: 140-143.

[127] Voort P V D, Vansant E F. The use of alkylchlorosilanes as coupling agents for the synthesis of stable, hydrophobic, surfactant extracted MCM-48/VO$_x$ catalysts. Studies in Surface Science and Catalysis[J]. 2000, 129: 317-326.

[128] 周晓东, 石华强, 傅洵, 等. 咪唑啉表面活性剂的合成及用于制备 ZnSe 纳米材料[J]. 稀有金属材料与工程, 2007, S2: 102-105.

[129] Chen K M, et al. Separation of ergot alkaloids by micellar electrkinetic capillary chromatography using cationic Gemini surfactants.[J] Chromatogr A, 1998, 882 (2): 281.

[130] 李晨, 杨继萍, 陈功. 磺酸型 Gemini 表面活性剂的合成及表面活性[J]. 应用化工, 2007, 05: 425-427, 456.

[131] Věra K, Martin S, Katarina K, et al. Synthesis of 2-benzylthiopyridine-4-carbothioamide derivatives and their antimycobacterial, antifungal and photosynthesis-inhibiting activity[J]. European Journal of Medicinal Chemistry. 1999, 34 (5): 433-440.

[132]　王万霞，何云飞，尚亚卓，等. Gemini 表面活性剂（12-6-12）和 DNA 的相互作用[J]. 物理化学学报，2011，
　　　　01：156-162.

[133]　于青. 适用于香波的阴离子表面活性剂[J]. 中国化妆品（行业），2001，05：64-65.

[134]　贾丽霞，程志斌，宋心远. 双联表面活性剂 Gemini-1 对羊毛染色性能的影响[J]. 纺织学报，2004，01：92-94，6.

[135]　郑延成，韩冬，杨普华，等. 双尾烷基硫酸盐的合成与表面性质[J]. 日用化学工业，2006，36（03）：137-139.

[136]　李冰，林金斌，陈洪龄. 一种三硅氧烷硫酸盐表面活性剂的合成及性能[J]. 日用化学工业，2011，41（06）：
　　　　401-404.

[137]　邰书信. 新型烷基苯磺酸盐和烷基硫酸盐 Gemini 表面活性剂的合成、性质及其与牛血清蛋白相互作用研究
　　　　[D]. 武汉：武汉大学硕士学位论文，2012.

[138]　葛际江，张贵才，蒋平，等. 含烷氧基链节的硫酸盐表面活性剂的油-水界面张力及其对原油的乳化能力[J].
　　　　石油学报（石油加工），2008，24（5）：614-620.

[139]　李树安，黄超. 咪唑啉型磷酸盐两性表面活性剂的合成[J]. 精细石油化工，1996，（5）：13-16.

[140]　Osanai S，Yamada G，Hidano R，et al. Preparation and properties of phosphate surfactants containing ether and
　　　　hydroxy groups[J]. Journal of Surfactants & Detergents，2010，13（1）：41-49.

第2章 低聚磺酸盐型系列表面活性剂的合成及表征

低聚表面活性剂是一类性能优良的新型表面活性剂，在日常洗涤、化妆品、石油工业等领域有广泛的应用前景。目前国内外对该类表面活性研究十分活跃，各类新型表面活性剂的合成层出不穷，制备方法也多样化，合成研究还没有如传统表面活性剂那样系统和深入，其发展前景备受关注。本章介绍了 TTSS（*n*-3-*n*）三聚表面活性剂和 TTSS（*n*-4-*n*）四聚表面活性剂的合成，并对合成样品进行了表征。

2.1 三聚磺酸盐型系列表面活性剂的合成及表征

2.1.1 三聚磺酸盐型系列表面活性剂的合成

含有三个亲水基团和三个疏水基团的三聚磺酸盐表面活性剂 TTSS（*n*-3-*n*）的结构如图 2-1 所示。

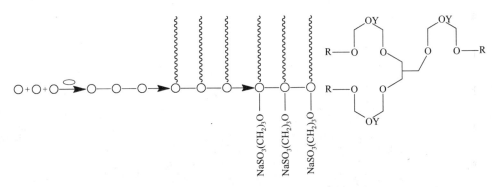

图 2-1　含有三个亲水基团和三个疏水基团的三聚磺酸盐表面活性剂 TTSS（*n*-3-*n*）

$Y=(CH_2)_3SO_3Na$；$R=C_8H_{17}$，$C_{10}H_{21}$，$C_{12}H_{25}$，$C_{14}H_{29}$，$C_{16}H_{33}$

采用醚化、开环和磺化三步法合成三聚磺酸盐型系列表面活性剂并对中间体及产物提纯；测定中间体的环氧值或羟值，测定最终产物的活性物浓度。合成具体步骤如下。

1. 丙三醇三环氧丙烷基醚的制备

将 1mol 丙三醇溶于装有 0.05mol 四丁基硫酸氢铵和 6mol 氢氧化钠的混合溶液中，在搅拌状态下将该混合溶液缓慢滴加到 6mol 环氧氯丙烷的反应器中，常温下混合均匀后升温至 50℃，反应 5h，冷却后，加入 250mL 二氯甲烷，过滤，除去不溶物，减压蒸馏除去二氯甲烷，得到淡黄色油状液体丙三醇三环氧丙烷基醚，产率为82%。反应式如下：

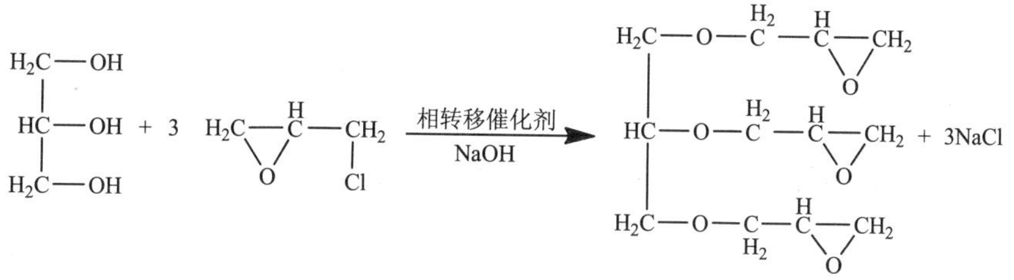

2.1，2，3-三（2-羟基-3-烷基醚-丙烷基）丙三醇醚的制备

取 5mol 十二醇（或辛醇、十醇、十四醇或十六醇）于三口烧瓶中，60℃下缓慢加入2mol 金属钾，反应至钾消失后，加入1mol 上面制得的丙三醇三环氧丙烷基醚，反应8h，冷却后，用稀盐酸溶液调节体系 pH 为7，然后加入到450mL 二氯甲烷和150mL 水的混合溶液体系中，有机层用无水硫酸镁干燥，减压蒸馏除去溶剂二氯甲烷和过量的醇，即得浅黄色固体中间体 1,2,3-三（2-羟基-3-烷基醚-丙烷基）丙三醇醚，收率为 71%～75%。反应式如下：

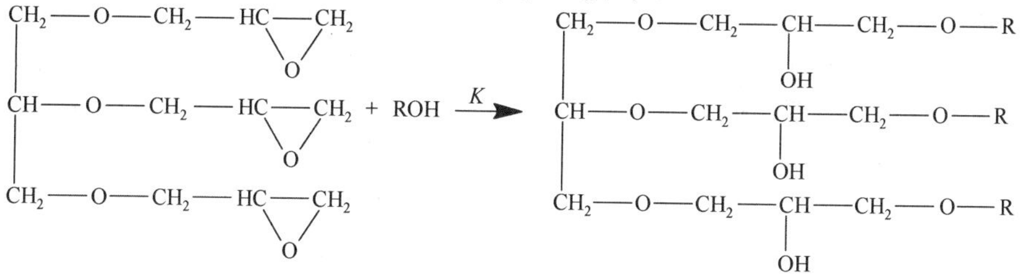

3.1，2，3-三（2-氧丙撑磺酸钠-3-烷基醚-丙烷基）丙三醇醚的制备

取 0.1mol 上面制取的中间体 1，2，3-三（2-羟基-3-烷基醚-丙烷基）丙三醇醚和100mL 干燥四氢呋喃于三口烧瓶中，常温下通氮气，边搅拌边缓慢加入0.5mol 氢化钠，升温至50℃，常压下缓慢滴加0.3mol 1，3-丙烷磺内酯，反应12h 后，加入 10mL 甲醇除去未反应的氢化钠，减压蒸馏除去四氢呋喃，然后溶于正丁醇（450mL）与水（150mL）混合溶液体系中，有机层用无水硫酸镁干燥，蒸馏除去正丁醇，得黄色粗产物。粗产物经硅胶色谱柱提纯并真空干燥即得黄色固体 TTSS（n-3-n）（n 是疏水烷基的碳原子数），收率为 72%～80%。反应式如下：

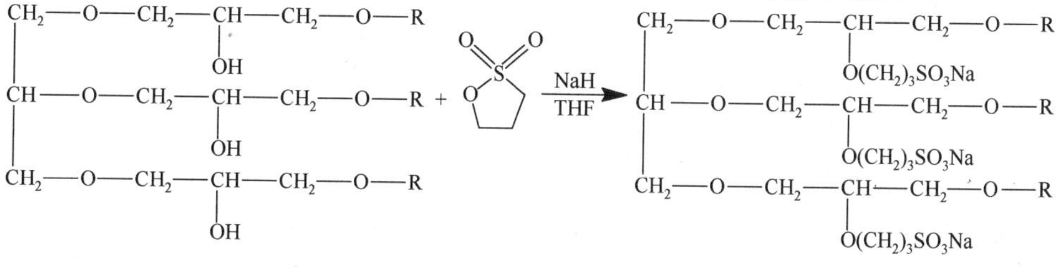

2.1.2　丙三醇三环氧丙烷基醚环氧值的测定

丙三醇三环氧丙烷基醚的环氧值的测定参照 GB/T 1677—2008。

称取待测样品 0.4~0.5g（精确至 0.001g），置于具塞磨口锥形瓶中，分别加入 25mL 盐酸-丙酮溶液（盐酸与丙酮按体积比 1：40 配制，现用现配），混匀后放入恒温槽（45℃），反应 3.5h；移取 25mL 盐酸-丙酮溶液，加 3 滴混合指示剂（混合指示剂，0.1%甲酚红水溶液与 0.1%的百里香酚水溶液按体积比 1：3 混合，用 0.01mol/L 氢氧化钠调至中性），进行空白滴定（滴定需在 30s 内完成），保持 5s 不褪色即为终点，消耗 NaOH 标准溶液的体积为 V_0（mL）；

取出反应产物，冷却至室温，加 3 滴混合指示剂，用 NaOH 标准溶液进行滴定，消耗体积为 V（mL）。环氧值（EV）求取按式 2-1 计算得到。

$$EV=[(V_0-V)\times c]/(10\times m) \qquad (2-1)$$

式中，V_0 为空白实验消耗 NaOH 标准溶液的体积（mL）；V 为试样消耗 NaOH 标准溶液的体积（mL）；c 为 NaOH 标准溶液的浓度（mol/L）；m 为试样的质量（g）；EV 为环氧值（mol/100g）。

按式 2-1 求得实测值，如表 2-1 所示，从表 2-1 可知 EV 实测值为 1.149mol/100g，而其理论值为 1.154mol/100g[丙三醇三环氧丙烷基醚的相对分子质量为 260，100g 样品中含有的理论环氧量为 100g×（3mol/260g）=1.154mol]，实测值与理论值接近，结合红外谱图分析表明合成的丙三醇三环氧丙烷基醚结构确定。

表 2-1　丙三醇三环氧丙烷基醚的环氧值

参数	空白一	空白二	样品一	样品二	样品平均值
质量/g	—	—	0.5218	0.5325	—
耗用 NaOH/mL	46.02	46.01	5.12	5.17	—
EV/(mol/100g)	—	—	1.148	1.150	1.149

2.1.3　丙三醇三环氧丙烷基醚的红外光谱测定

从图 2-2FTIR 谱图可知，2854cm^{-1}，2924cm^{-1}，2954cm^{-1} 为 C—H 键的对称与不对称伸缩振动峰；1493cm^{-1}，1454cm^{-1}，1377cm^{-1} 为甲基与亚甲基的对称与不对称的面内弯曲振动吸收峰；698.5cm^{-1} 处为亚甲基的平面摇摆振动频率；3026cm^{-1} 处为环氧基团的吸收峰；另外，图谱中没有 C—Cl 键所对应的 1000cm^{-1}～1020cm^{-1} 处的强吸收峰，说明环氧氯丙烷中的 C—Cl 键反应完全。该中间体为目标产物。

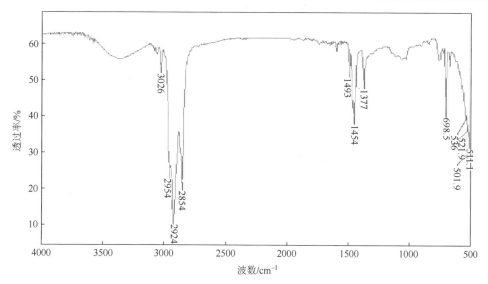

图 2-2　丙三醇三环氧丙烷基醚的 FTIR 红外光谱图

2.1.4　1，2，3-三（2-羟基-3-烷基醚-丙烷基）丙三醇醚的羟值测定

1，2，3-三（2-羟基-3-烷基醚-丙烷基）丙三醇醚的羟值测定采用氢氧化钾标准溶液滴定法。称取 0.5～1g 样品于 250mL 磨口锥形瓶中，精确移入 3.0mL 乙酰化试剂（$V_{吡啶}$：$V_{乙酸酐}$=4：1），将空气冷凝管装于锥形瓶口上，置锥形瓶于温度保持在 96～99℃的硅油浴中，使锥形瓶底部浸入硅油约 1cm 处，加热 1h。取出锥形瓶，稍冷，从空气冷凝管上口加入 2mL 蒸馏水，摇匀后再放到甘油浴中加热 10min。取出锥形瓶，冷却至室温，用 50mL 中性乙醇冲洗空气冷凝管和磨砂结头及锥形瓶内壁。待溶匀后，加入 2～3 滴酚酞指示剂，用氢氧化钾标准溶液[c(KOH)=0.5mol/L]滴定至微红色，持续 30s 为终点。

同时做空白实验。

脂肪醇羟值 X（mgKOH/g）按式（2-2）计算：

$$X=[(V_0-V)\times c\times 56.11]/m \qquad (2-2)$$

式中，V_0 为空白实验耗用氢氧化钾标准溶液的体积（mL）；V 为样品测定耗用氢氧化钾标准溶液的体积（mL）；c 为氢氧化钾标准溶液的浓度（mol/L）；m 为试样的质量（g）；X 为脂肪醇羟值（mgKOH/g）。

实测值与理论值的对比情况如表 2-2 所示。理论值的计算如下：烷基为 —$C_{12}H_{25}$ 的中间体 1g 的理论羟值=1000mg×[(3mol×56.11g/mol)/818g/mol]=205.78mgKOH。—C_8H_{17}、—$C_{10}H_{21}$、—$C_{14}H_{29}$ 和 —$C_{16}H_{33}$ 的中间体的理论羟值同理可以计算得到。

表 2-2　1，2，3-三（2-羟基-3-烷基醚-丙烷基）丙三醇醚的羟值

不同烷基的中间体	—C$_8$H$_{17}$	—C$_{10}$H$_{21}$	—C$_{12}$H$_{25}$	—C$_{14}$H$_{29}$	—C$_{16}$H$_{33}$
相对分子质量	762	790	818	846	874
实测值/(mgKOH/g)	221.86	215.11	204.26	196.83	190.42
理论值/(mgKOH/g)	220.90	213.07	205.78	198.97	192.60

从表 2-2 可知，含—C$_8$H$_{17}$、—C$_{10}$H$_{21}$、—C$_{12}$H$_{25}$、—C$_{14}$H$_{29}$ 和—C$_{16}$H$_{33}$ 烷基中间体的实测羟值与理论值相近。

2.1.5　1，2，3-三（2-羟基-3-烷基醚-丙烷基）丙三醇醚的 FTIR 谱图

以 1，2，3-三（2-羟基-3-十二烷基醚-丙烷基）丙三醇醚的 FTIR 谱图为例，如图 2-3 所示。

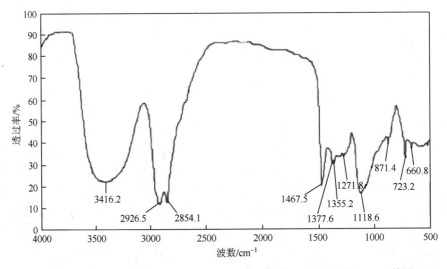

图 2-3　1，2，3-三（2-羟基-3-十二烷基醚-丙烷基）丙三醇醚的 FTIR 谱图

从图 2-3FTIR 红外谱图可知，1377.6cm^{-1} 为仲醇 O—H 面内弯曲振动吸收峰；1118.6cm^{-1} 为仲醇 C—O 伸缩振动吸收峰；1467.5cm^{-1}、723cm^{-1} 为亚甲基 C—H 扭曲变形振动吸收峰；2854.1cm^{-1}、2926.5cm^{-1} 为亚甲基 C—H 伸缩振动吸收峰；3416.2cm^{-1} 为羟基 O—H 伸缩振动吸收峰。该中间体为目标产物。

2.1.6　最终产物表征

采用质谱仪、红外光谱仪、DSC 示差扫描量热仪和元素分析仪等对合成的三聚磺酸盐型系列表面活性剂进行表征，确定其结构及热稳定性。以 1，2，3-三（2-

氧丙撑磺酸钠-3-十二烷基醚-丙烷基）丙三醇醚为例。

1. 质谱分析

从图 2-4 可知，m/z=453.3435 对应的碎片结构为

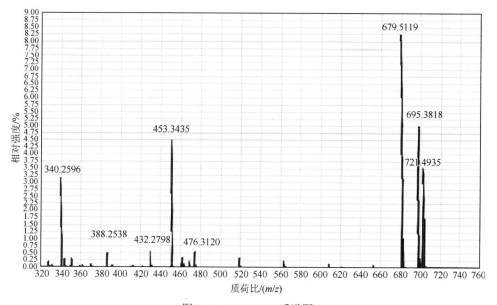

图 2-4　TTSS-3-12 质谱图

m/z=679.5119、m/z=695.3818、m/z=721.4935 对应的碎片分子结构分别为

2. 红外光谱分析

所得最终产物 TTSS（12-3-12）结构用红外光谱作了表征，如图 2-5 所示，谱图解析如下：2913.36cm⁻¹ 为—CH₃ 的不对称伸缩振动峰，2847.00cm⁻¹ 为—CH₂—对称伸缩振动峰；1470.05cm⁻¹ 为—CH₂—变形振动峰，1196.31cm⁻¹ 为 C—O 伸缩振动峰，1059.45cm⁻¹ 为 S=O 对称伸缩振动峰，715.21cm⁻¹ 为长链—CH₂—摆动振动峰。TTSS（8-3-8）、TTSS（10-3-10）、TTSS（14-3-14）和 TTSS（16-3-16）有类似的红外光谱图，在此不做详细叙述。

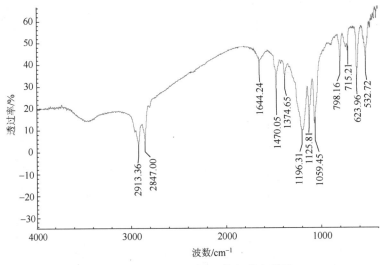

图 2-5　TTSS（12-3-12）的红外光谱图

3. 核磁共振 ¹H-NMR 分析

TTSS（n-3-n）（n=8、10、12、14 和 16）结构又采用核磁共振 ¹H-NMR 表征，如表 2-3 所示。表 2-3 的核磁共振氢谱表明合成的产物均为目标产物。

表 2-3　1，2，3-三（2-氧丙撑磺酸钠-3-烷基醚-丙烷基）丙三醇醚的 ¹H-NMR

表面活性剂	收率/%	¹H-NMR（CDCl₃）（δ）
TTSS（8-3-8）	80	0.81～0.88（m，9H）；1.18～1.51（m，36H）；1.93～2.18（m，6H）；2.86～3.13（m，6H）；3.16～3.81（m，32H）
TTSS（10-3-10）	76	0.81～0.88（m，9H）；1.15～1.55（m，48H）；1.88～2.19（m，6H）；2.89～3.15（m，6H）；3.11～3.91（m，32H）
TTSS（12-3-12）	78	0.81～0.88（m，9H）；1.17～1.59（m，60H）；1.82～2.33（m，6H）；2.78～3.06（m，6H）；3.22～3.85（m，32H）
TTSS（14-3-14）	72	0.81～0.88（m，9H）；1.20～1.68（m，72H）；1.88～2.28（m，6H）；2.72～3.10（m，6H）；3.25～3.92（m，32H）
TTSS（16-3-16）	74	0.81～0.90（m，9H）；1.28～1.61（m，84H）；1.95～2.24（m，6H）；2.83～3.03（m，6H）；3.30～3.89（m，32H）

4. DSC 示差扫描量热分析

从图 2-6 可知，在 327.70℃开始发生化学反应，该反应是一个放热过程，336.80℃达到顶峰，345.86℃化学反应结束。说明该表面活性剂在 327℃以下热稳定性良好。可作为高温油藏的三次采油用驱油剂。

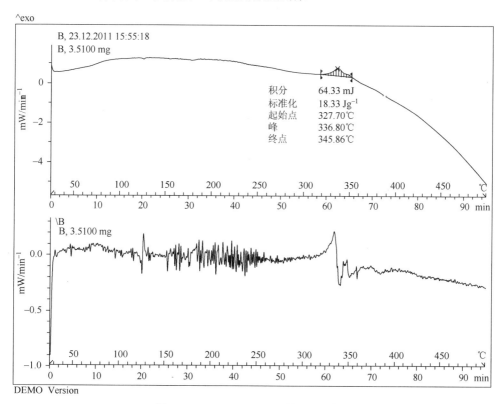

图 2-6　TTSS（12-3-12）的 DSC 谱图

5. 元素分析

表 2-4　元素含量的理论值与实测值对比分析

表面活性剂	实测值（理论值）/%	碳	氢	氧	硫
TTSS（8-3-8）	实测值	49.98	8.20	26.48	8.79
	理论值	49.91	8.22	26.62	8.87
TTSS（10-3-10）	实测值	52.51	8.53	25.87	8.11
	理论值	52.49	8.66	25.94	8.23
TTSS（12-3-12）	实测值	55.24	9.42	22.46	7.53
	理论值	54.72	9.04	23.04	7.68

续表

表面活性剂	实测值（理论值）/%	碳	氢	氧	硫
TTSS（14-3-14）	实测值	59.65	9.95	22.32	7.42
	理论值	59.15	9.78	22.54	7.51
TTSS（16-3-16）	实测值	64.21	10.64	21.83	7.23
	理论值	63.40	10.49	22.05	7.35

从表 2-4 可知，在 TTSS（8-3-8）、TTSS（10-3-10）、TTSS（12-3-12）、TTSS（14-3-14）和 TTSS（16-3-16）的五种表面活性剂中，元素碳、氢、氧、硫的实测值含量与理论值非常接近。

6. 表面张力测定

表面活性剂的临界胶束浓度（CMC）和表面张力是评价表面活性剂的重要参数。采用全量程旋滴表/界面张力仪 TX-500C 表面张力仪测定产品的性能，实验数据列于表 2-5 中。

表 2-5　不同三聚体磺酸盐表面活性剂的表面性能（20℃）

表面活性剂	CMC/（mmol/L）	γ_{CMC}/（mN/m）
TTSS（8-3-8）	0.316	29.5
TTSS（10-3-10）	0.080	26.8
TTSS（12-3-12）	0.0033	26.2
TTSS（14-3-14）	0.0040	24.8
TTSS（16-3-16）	0.0018	23.3
SDS	82.0	39.2

由表 2-5 可见，TTSS（n-3-n）系列表面活性剂具有较高的表面活性和极低的临界胶束浓度，其临界胶束浓度（CMC）都在 $1.8\times10^{-6}\sim3.16\times10^{-4}$mol/L，表面张力在 23.3～29.5mN/m。TTSS（n-3-n）系列表面活性剂的 CMC 与同类型单链表面活性剂，如与十二烷基磺酸钠（SDS）相比，低 2～3 个数量级，并且表面张力也比 SDS 要小，具有更高的表面活性。

2.1.7　最终产物活性物含量测定

参考 GB/T 5173—1995《表面活性剂和洗涤剂 阴离子活性物含量的测定 直接两相滴定法》，采用混合酸性指示剂，在水相-氯仿相介质中，以 Hyamine1622 阳离子表面活性剂为标准溶液滴定分析阴离子活性物的含量。

1. 混合指示剂溶液的配制

分别在两支 50mL 烧杯中，称取 0.5g 溴化二氨基菲啶及 0.25g 二硫化蓝（称准至 1mg），分别加入 20～50mL 10%（质量分数）的热乙醇溶解之，合并于 250mL 容量瓶中，用 10%乙醇定容得混合指示剂原液。取 200mL 去离子水和 20mL 上述混合指示剂原液于 500mL 容量瓶中，再加入 20mL 2.5mol/L 硫酸，充分混合，用水定容，遮光保存待用。

2. 阳离子表面活性剂标准溶液的标定

称取 1.75～1.85g Hyamine1622 阳离子表面活性剂（称准至 1mg），溶解于 90mL 纯水中，转移至 1000mL 容量瓶中，并用水稀释至刻度待标定。

准确吸取先配制的 25mL 十二烷基硫酸钠（SDS）标准溶液于 100mL 具塞量筒中，加入 10mL 水、15mL 氯仿和 10mL 混合指示剂溶液。用待标定的阳离子表面活性剂溶液滴定，每次滴加后，充分摇动，开始时下层呈粉红色，继续滴定直至终点时，氯仿相的粉红色完全褪去而成为灰蓝色。同时做空白实验。阳离子表面活性剂标准溶液的物质的量浓度（c）：

$$c=(c_1 \times 25)/(V_1-V_0) \tag{2-3}$$

式中，c_1 为十二烷基硫酸钠溶液的物质的量浓度（mol/L）；V_1 为用十二烷基硫酸钠溶液滴定时所消耗的标准溶液体积数（mL）；V_0 为空白实验时所消耗的标准溶液体积数（mL）。

精确称取某种 TTSS 产品 1g（称准至 1mg）左右于烧杯中，用热水溶解并定容于 500mL 容量瓶中。用移液管吸取 25mL 上述溶液至具塞量筒中，加入 10mL 水、15mL 氯仿和 10mL 混合指示剂溶液，用阳离子表面活性剂标准溶液滴定。同时做空白实验。三聚阴离子活性物质量分数 X_1（%）为

$$X_1=[c \times (V_2-V_0) \times M]/(3 \times 25 \times m) \times 100\% \tag{2-4}$$

四聚阴离子活性物质量分数 X_2（%）为

$$X_2=[c \times (V_2-V_0) \times M]/(4 \times 25 \times m) \times 100\% \tag{2-5}$$

式中，c 为阳离子表面活性剂标准溶液的物质的量浓度（mol/L）；m 为试样的质量（g）；M 为某种 TTSS 相对分子质量；V_2 为样品溶液滴定时所消耗的标准溶液体积数（mL）；V_0 为空白实验时所消耗的标准溶液体积（mL）。

阳离子表面活性剂溶液浓度 c 为 0.00398mol/L；空白平行实验耗用阳离子表面活性剂溶液体积为 0.15mL。

把表 2-6 中的相对分子质量分别代入式（2-4），活性物含量计算结果列于表 2-7 中。

表 2-6　TTSS（*n*-3-*n*）三聚磺酸盐表面活性剂的相对分子质量

不同烷基的磺酸盐表面活性剂	TTSS（8-3-8）	TTSS（10-3-10）	TTSS（12-3-12）	TTSS（14-3-14）	TTSS（16-3-16）
三聚体相对分子质量（*M*）	1082	1166	1250	1334	1418

表 2-7　产物 TTSS（*n*-3-*n*）的活性物含量测定

不同烷基的表面活性剂	TTSS（8-3-8）	TTSS（10-3-10）	TTSS（12-3-12）	TTSS（14-3-14）	TTSS（16-3-16）
试样的质量/g	0.9961	0.9973	0.9940	0.9958	1.0275
耗用表面活性剂溶液/mL	16.22	15.03	14.91	14.27	13.36
活性物含量/%	92.65	92.32	98.50	98.20	96.74

从表 2-7 可知，通过该方法得到的活性物含量高达 92%以上。

2.1.8　最终产物熔点和 Krafft 点测定

熔点 T_m 采用 BUCHI 公司生产的 B545 熔点测定仪测定。离子型表面活性剂在水中的溶解度随着温度的变化而变化。当温度升高至某一点时，表面活性剂的溶解度急剧升高，该温度称为 Krafft 点，Krafft 点采用降温目测法测定。

从表 2-8 可知，TTSS（8-3-8）、TTSS（10-3-10）、TTSS（12-3-12）、TTSS（14-3-14）和 TTSS（16-3-16）的熔点分别是 126℃、132℃、137℃、138℃和 140℃。Krafft 点均小于零，有利于表面活性剂在低温条件充分溶解。Krafft 点低于 0℃，这是由于三聚表面活性剂中含有三个亲水基，具有很强的亲水性，同时含有三条疏水链，容易在溶液表面吸附，并在溶液中形成胶束，从而具有低的 Krafft 点。

表 2-8　产物 TTSS（*n*-3-*n*）熔点和 Krafft 点的测定

不同烷基的表面活性剂	TTSS（8-3-8）	TTSS（10-3-10）	TTSS（12-3-12）	TTSS（14-3-14）	TTSS（16-3-16）
熔点/℃	126	132	137	138	140
Krafft 点/℃	<0	<0	<0	<0	<0

2.2　四聚磺酸盐型系列表面活性剂的合成及表征

2.2.1　四聚磺酸盐型系列表面活性剂的合成

含有四个亲水基团和四个疏水基团的四聚磺酸盐表面活性剂 TTSS（*n*-4-*n*）

的结构如图 2-7 所示。

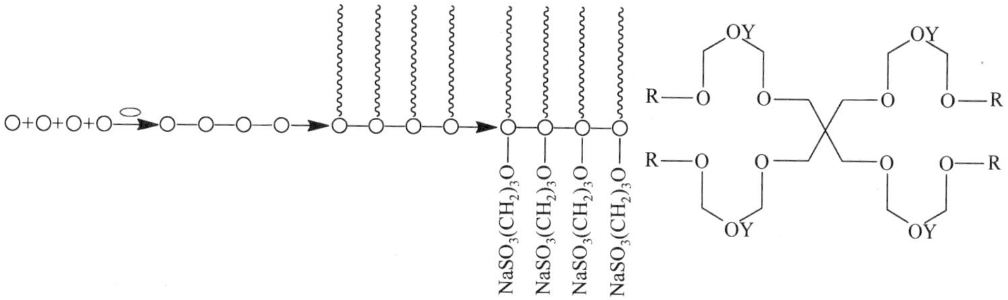

图 2-7　含有四个亲水基团和四个疏水基团的四聚磺酸盐表面活性剂 TTSS（n-4-n）
Y=(CH$_2$)$_3$SO$_3$Na；R=C$_8$H$_{17}$，C$_{10}$H$_{21}$，C$_{12}$H$_{25}$，C$_{14}$H$_{29}$，C$_{16}$H$_{33}$

　　和合成三聚体磺酸盐的方法一样，采用三步法合成四聚磺酸盐型系列表面活性剂并对中间体及产物提纯；测定中间体的环氧值或羟值，测定最终产物的活性物浓度。合成步骤如下：

1. 醚化反应

　　在三口烧瓶中，先加入 0.25mol 季戊四醇，再加入相转移催化剂三氟化硼乙醚 0.007mol，然后缓慢滴加环氧氯丙烷 1.8mol，加料完毕后反应持续 8h，反应结束后将体系冷却至室温然后缓慢滴加 50mL 0.1mol/L 氢氧化钠乙醇溶液，滴加完毕后于 25℃持续反应 6h。反应结束，抽滤除去体系中产生的氯化钠固体，旋转蒸发器减压蒸馏除去乙醇和过量的环氧氯丙烷，将蒸馏后的产物用饱和食盐水溶解，再用石油醚萃取，合并油相，蒸出溶剂即得黏稠状透明液体季戊四醇四环氧丙烷基醚，结构式如下所示。采用该方法得到的季戊四醇四环氧丙烷基醚的最终收率为 81%。

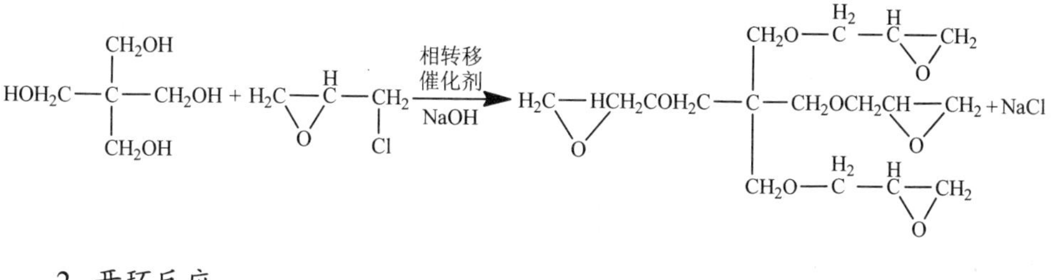

2. 开环反应

　　将0.5mol钾或者氢化钠与1mol脂肪醇的混合体系升温至60℃进行溶解反应，产物作为催化剂。然后缓慢滴加 0.2mol 季戊四醇四环氧丙烷基醚，加料完毕后体系升温至 80℃反应 12h。反应结束后将体系冷却至室温，用 10%盐酸中和至体系 pH 为 7，用无水硫酸镁干燥，抽滤，减压蒸馏后得淡黄色液体季戊四醇四乙二醇单烷基醚，收率为 83%，其反应式如下。

3. 磺化反应

在装有分水器的三口烧瓶中加入 0.2mol 季戊四醇四乙二醇单烷基醚。将其溶于溶剂四氢呋喃中，共沸蒸馏脱水后撤去分水装置。装上干燥的回流冷凝器和搅拌装置。在干燥氮气流保护下，加入 1.2mol 氢化钠，在常温下反应 2h，滴加用无水四氢呋喃溶解好的 0.9mol 1，3-丙烷磺内酯。室温下反应 2h 后升温至 60℃，再反应 6h 后结束。向体系中加入乙醇使未反应的氢化钠失活，减压蒸馏除去四氢呋喃。将初产物溶于水再用正丁醇萃取，减压蒸馏除溶剂，加入无水硫酸镁干燥。经过硅胶色谱柱提纯并真空干燥，即得浅黄色黏稠状固体 1, 1, 1, 1-四（2-氧丙基磺酸钠-3-烷基醚-丙烷氧基）新戊烷 TTSS（n-4-n）（n 是疏水烷基碳原子数），其收率为 68%～72%，其反应式如下。

2.2.2　季戊四醇四环氧丙烷基醚的环氧值的测定

季戊四醇四环氧丙烷基醚的环氧值的测定参照 GB/T 1677—2008。

称取待测样品 0.4～0.5g（精确至 0.001g），置于具塞磨口锥形瓶中，分别加入 25mL 盐酸-丙酮溶液（盐酸与丙酮按体积比 1∶40 配制，现用现配），混匀后放入恒温槽（45℃），反应 3.5h；移取 25mL 盐酸-丙酮溶液，加 3 滴混合指示剂

（混合指示剂，0.1%甲酚红水溶液与 0.1%百里香酚水溶液按体积比 1∶3 混合。用
0.01mol/L 氢氧化钠调至中性），进行空白滴定（滴定需在 30s 内完成），保持 5s
不褪色即为终点，消耗 NaOH 标准溶液的体积为 V_0 mL。

取出反应产物，冷却至室温，加 3 滴混合指示剂，用 NaOH 标准溶液进行滴
定，消耗体积为 V mL。环氧值（EV）求取按式（2-1）计算得到，列于表 2-9 中。

表 2-9　季戊四醇四环氧丙烷基醚的环氧值

参数	空白一	空白二	样品一	样品二	样品平均值
质量/g	—	—	0.5218	0.5325	
耗用 NaOH/mL	46.00	46.02	4.83	4.87	—
EV/（mol/100g）	—	—	1.109	1.107	1.108

按式（2-1）求得实测值，从表 2-9 中取其平均值，则实测值为 1.108mol/100g，
而其理论值为 1.111mol/100g［季戊四醇四环氧丙烷基醚的相对分子质量为 360，
100g 样品中含有的环氧量为 100g×（4mol/360g）=1.111mol］，实测值与理论值
接近，结合红外谱图表明合成的季戊四醇四环氧丙烷基醚结构确定。

2.2.3　季戊四醇四环氧丙烷基醚的红外光谱测定

从图 2-8 的 FTIR 谱图可知，2863.59cm^{-1}，2921.66cm^{-1}，3000.46cm^{-1} 为 C—H

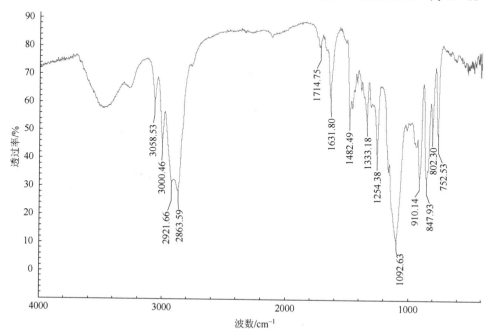

图 2-8　季戊四醇四环氧丙烷基醚的 FTIR 红外光谱图

键的对称与不对称伸缩振动峰；1482.49cm^{-1}，1333.18cm^{-1}，1254.38cm^{-1} 为甲基与亚甲基的对称与不对称的面内弯曲振动吸收峰；752.53cm^{-1} 处为亚甲基的平面摇摆振动频率；3058.53cm^{-1} 处为环氧基团的吸收峰；另外，图谱中没有 C—Cl 键所对应的 1000～1020cm^{-1} 处的强吸收峰，说明环氧氯丙烷中的 C—Cl 键反应完全。

2.2.4　季戊四醇四乙二醇单烷基醚的羟值测定

季戊四醇四乙二醇单烷基醚的羟值测定采用氢氧化钾标准溶液滴定法。称取 0.5～1g 样品于 250mL 磨口锥形瓶中，精确移取 3.0mL 乙酰化试剂（$V_{吡啶}$：$V_{乙酸酐}$=4：1），将空气冷凝管装于锥形瓶口上，置锥形瓶于温度保持在 96～99℃ 的甘油浴中，使锥形瓶底部浸入硅油约 1cm 处，加热 1h。取出锥形瓶，稍冷，从空气冷凝管上口加入 2mL 蒸馏水，摇匀后再放到硅油浴中加热 10min。取出锥形瓶，冷却至室温，用中性乙醇 50mL 冲洗空气冷凝管和磨砂接头及锥形瓶内壁。待溶匀后，加入 2～3 滴酚酞指示剂，用氢氧化钾标准溶液[c(KOH)=0.5mol/L]滴定至微红色，持续 30s 为终点。

同时作空白实验。脂肪醇羟值 X（mgKOH/g）按式（2-2）计算，实测值与理论值的对比情况如表 2-10 所示。烷基为—C$_{12}$H$_{25}$ 的中间体 1g 的理论羟值=1000mg×[（4mol×56.11g/mol）/1076g/mol]=208.59mgKOH。

表 2-10　季戊四醇四乙二醇单烷基醚的羟值

不同烷基的中间体	—C$_{10}$H$_{21}$	—C$_{12}$H$_{25}$	—C$_{14}$H$_{29}$	—C$_{16}$H$_{33}$
相对分子质量	1076	1104	1132	1160
实测值/(mgKOH/g)	208.36	203.15	197.96	192.67
理论值/(mgKOH/g)	208.59	203.30	198.26	193.48

从表 2-10 可知，季戊四醇四乙二醇单烷基醚的羟值的实测值与理论值非常接近。

2.2.5　季戊四醇四乙二醇单烷基醚的红外光谱

以季戊四醇四乙二醇单十二烷基醚的 FTIR 谱图为例进行分析，如图 2-9 所示。

从图 2-9 可知，1378.80cm^{-1} 为仲醇 O—H 面内弯曲振动吸收峰；1117.51cm^{-1} 为仲醇 C—O 伸缩振动吸收峰；1470.05cm^{-1}、2859.45cm^{-1} 为亚甲基 C—H 伸缩振动吸收峰；2921.66cm^{-1} 为亚甲基 C—H 伸缩振动吸收峰；3390.32cm^{-1} 为羟基 O—H 伸缩振动吸收峰。其他中间体有类似的红外谱图所示的结构特征。

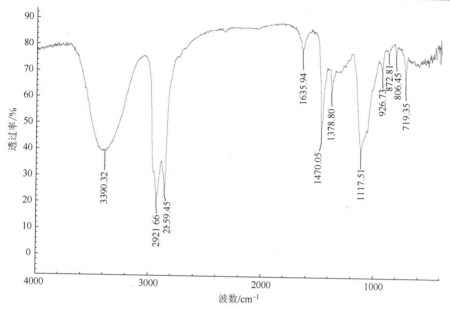

图 2-9　季戊四醇四乙二醇单十二烷基醚的 FTIR 谱图

2.2.6　最终产物表征

采用质谱仪、红外光谱仪、DSC 示差扫描量热仪和元素分析仪等对合成的四聚磺酸盐型系列表面活性剂 1,1,1,1-四（氧丙基磺酸钠-3-烷基醚-丙烷氧基醚）新戊烷进行表征，确定其结构及热稳定性。以 TTSS（12-4-12）四聚体磺酸盐表面活性剂为例（图 2-10）。

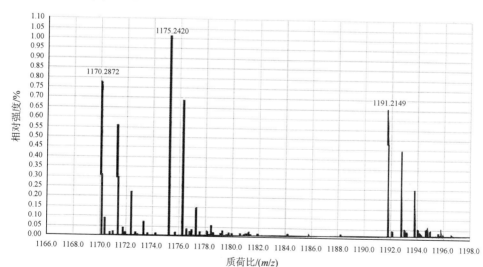

图 2-10　TTSS（12-4-12）四聚体磺酸盐的质谱图

结合图 2-10 分析结果如下：

1. 质谱分析

m/z=1170.2872 对应的碎片结构为

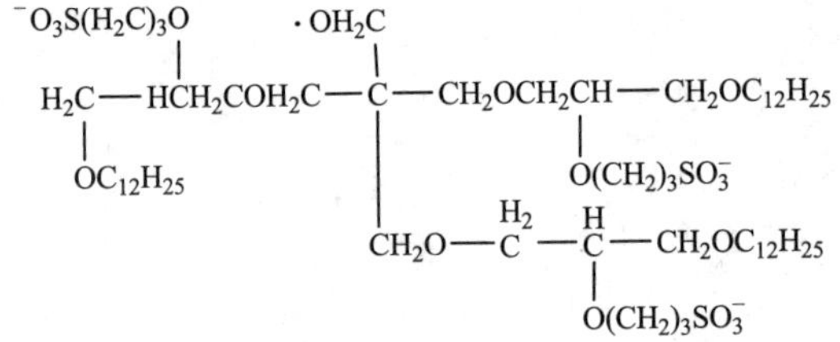

$$^-O_3S(H_2C)_3O\quad \cdot OH_2C$$
$$H_2C-HCH_2COH_2C-C-CH_2OCH_2CH-CH_2OC_{12}H_{25}$$
$$|\qquad\qquad\qquad |\qquad\qquad\qquad\qquad |$$
$$OC_{12}H_{25}\qquad\qquad CH_2O-\overset{H_2}{C}-\overset{H}{C}-CH_2OC_{12}H_{25}$$
$$O(CH_2)_3SO_3^-$$

或

$$^-O_3S(H_2C)_3O\quad \cdot OH_2C$$
$$H_2C-HCH_2COH_2C-C-CH_2OCH_2CH-CH_2OC_7H_{14}-\overset{.}{C}H$$
$$|\qquad\qquad\qquad |\qquad\qquad O(CH_2)_3SO_3^-$$
$$OC_{12}H_{25}\qquad CH_2O-\overset{H_2}{C}-\overset{H}{C}-CH_2OC_{12}H_{25}$$
$$O(CH_2)_3SO_3^-$$

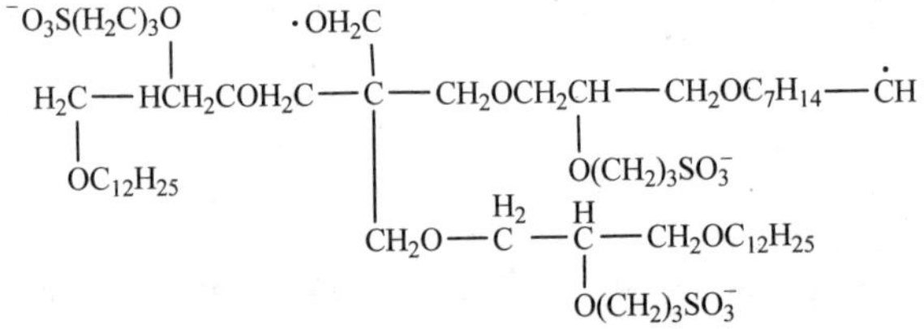

m/z=1175.2420 对应的碎片分子结构分别为

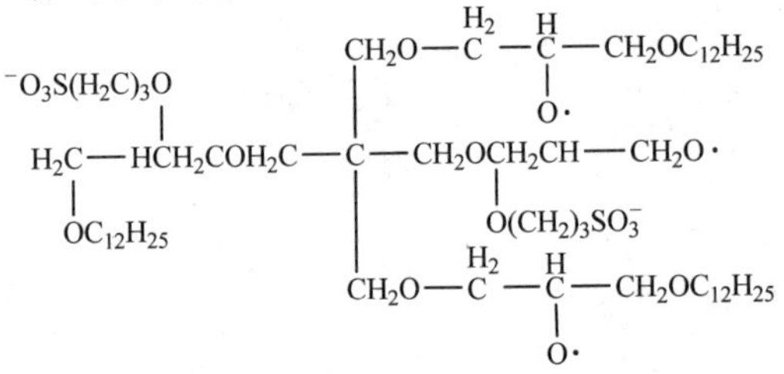

$$^-O_3S(H_2C)_3O\qquad\qquad CH_2O-\overset{H_2}{C}-\overset{H}{C}-CH_2OC_{12}H_{25}$$
$$H_2C-HCH_2COH_2C-C-CH_2OCH_2CH-CH_2O\cdot$$
$$OC_{12}H_{25}\qquad\qquad O(CH_2)_3SO_3^-$$
$$CH_2O-\overset{H_2}{C}-\overset{H}{C}-CH_2OC_{12}H_{25}$$

或

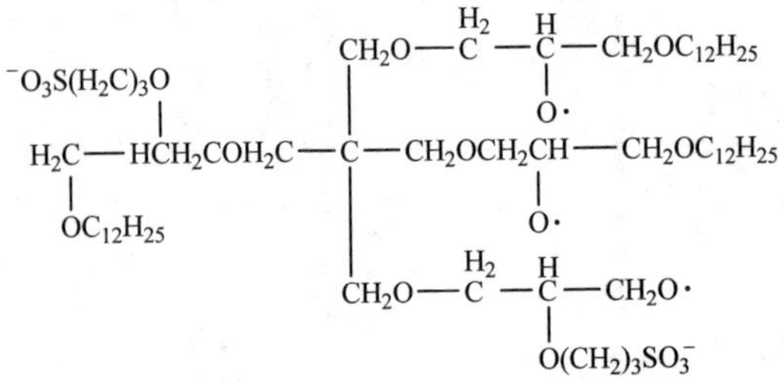

$$^-O_3S(H_2C)_3O\qquad\qquad CH_2O-\overset{H_2}{C}-\overset{H}{C}-CH_2OC_{12}H_{25}$$
$$H_2C-HCH_2COH_2C-C-CH_2OCH_2CH-CH_2OC_{12}H_{25}$$
$$OC_{12}H_{25}$$
$$CH_2O-\overset{H_2}{C}-\overset{H}{C}-CH_2O\cdot$$
$$O(CH_2)_3SO_3^-$$

或

$$^-O_3S(H_2C)_3O\qquad\qquad CH_2O-\overset{H_2}{C}-\overset{H}{C}-CH_2OC_{12}H_{25}$$
$$H_2C-HCH_2COH_2C-C-CH_2OCH_2CH-CH_2OC_{12}H_{25}$$
$$OC_{12}H_{25}$$
$$CH_2O-\overset{H_2}{C}-\overset{H}{C}-CH_2OC_{12}H_{25}$$

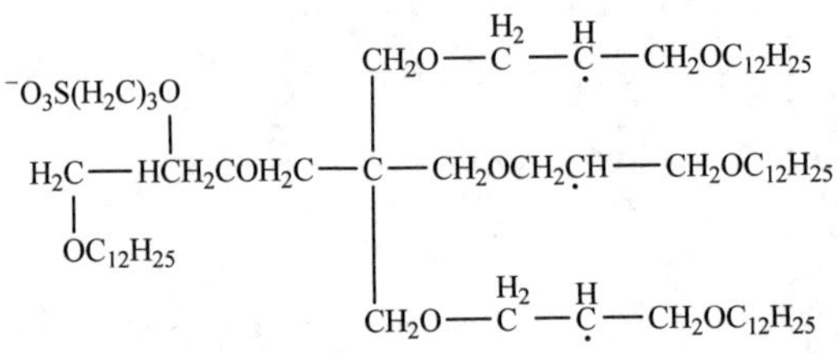

m/z=1191.2149 对应的碎片分子结构分别为

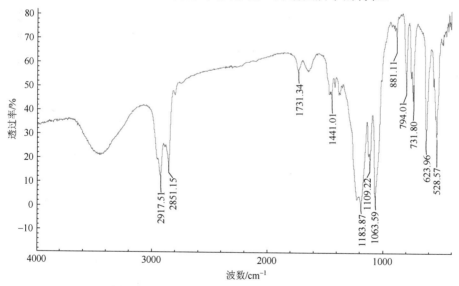

或

2. 红外光谱分析

从图 2-11 可知，所得最终产物 TTSS（12-4-12）结构用 FTIR 红外光谱作了表征，谱图解析如下：2917.51cm^{-1} 为—CH$_3$ 的不对称伸缩振动峰，2851.15cm^{-1} 为—CH$_2$—对称伸缩振动峰；1441.01cm^{-1} 为—CH$_2$—变形振动峰，1214.80cm^{-1} 为 C—O 伸缩振动峰，1063.59cm^{-1} 为 S═O 对称伸缩振动峰，731.80cm^{-1} 为长链 —CH$_2$—摆动振动峰。其他产物有如图类似的红外谱图所示的特征。

图 2-11　TTSS（12-4-12）的 FTIR 红外光谱图

3. 核磁共振 ^{1}H-NMR 分析及产率

TTSS（n-4-n）（n=8、10、12、14 和 16）结构采用核磁共振 ^{1}H-NMR 表征，如表 2-11 所示。表 2-11 的核磁共振氢谱表明合成的产物均为目标产物。

表 2-11　TTSS（*n-4-n*）的 ¹H NMR

类型	产率/%	¹H NMR（CDCl₃）（δ）
TTSS（8-4-8）	77	0.80~0.88（m，12H，1.17~1.60（m，48H），1.81~2.34（m，8H），2.78~3.11（m，8H），3.20~3.85（m，44H）
TTSS（10-4-10）	75	0.80~0.88（m，12H，1.17~1.60（m，64H），1.81~2.34（m，8H），2.78~3.11（m，8H），3.20~3.85（m，44H）
TTSS（12-4-12）	74	0.80~0.88（m，12H，1.17~1.60（m，80H），1.81~2.34（m，8H），2.78~3.11（m，8H），3.20~3.85（m，44H）
TTSS（14-4-14）	72	0.80~0.88（m，12H，1.17~1.60（m，96H），1.81~2.34（m，8H），2.78~3.11（m，8H），3.20~3.85（m，44H）
TTSS（16-4-16）	68	0.80~0.88（m，12H，1.17~1.60（m，112H），1.81~2.34（m，8H），2.78~3.11（m，8H），3.20~3.85（m，44H）

4. DSC 示差扫描量热分析

　　如图 2-12 所示，在 205.61℃开始发生化学反应，该反应是一个吸热过程，212.44℃达到顶峰，217.71℃化学反应结束。说明该表面活性剂在 200℃以下抗温性能良好。与图 2-6 比较，四聚磺酸盐比对应的疏水烷基数相同的三聚磺酸盐的热稳定性有所降低。

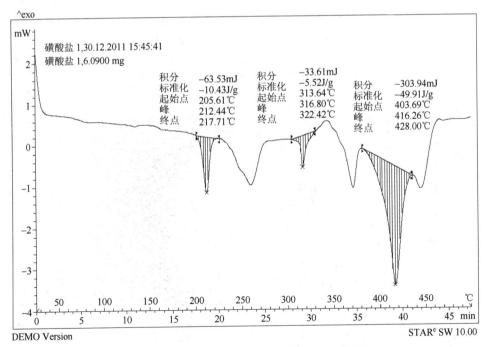

图 2-12　TTSS（12-4-12）的 DSC 示差扫描量热图

5. 元素分析

从表 2-12 可知，在 TTSS（8-4-8）、TTSS（10-4-10）、TTSS（12-4-12）、TTSS（14-4-14）和 TTSS（16-4-16）的五种表面活性剂中，元素碳、氢、氧、硫的实测值含量与理论值非常接近。

表 2-12 TTSS（n-4-n）中各元素理论值与实测值对比分析

表面活性剂	实测值（理论值）	碳	氢	氧	硫
TTSS（8-4-8）	实测值	49.99	8.20	26.52	8.66
	理论值	50.27	8.24	26.37	8.79
TTSS（10-4-10）	实测值	52.62	8.77	24.78	8.04
	理论值	52.81	8.67	24.49	8.16
TTSS（12-4-12）	实测值	54.69	8.97	23.15	7.70
	理论值	55.00	9.04	22.86	7.62
TTSS（14-4-14）	实测值	56.55	9.45	21.32	7.39
	理论值	56.92	9.38	21.43	7.14
TTSS（16-4-16）	实测值	58.22	9.33	20.76	6.89
	理论值	58.61	9.66	20.17	6.72

6. 表面张力测定

表面活性剂的临界胶束浓度（CMC）和表面张力是评价表面活性剂的重要参数。采用全量程旋滴表/界面张力仪 TX-500C 表面张力仪测定产品的性能，实验数据列于表 2-13 中。

表 2-13 不同四聚体表面活性剂的表面性能（20℃）

表面活性剂	CMC/（mmol/L）	γ_{CMC}/（mN/m）
TTSS（8-4-8）	0.308	28.5
TTSS（10-4-10）	0.072	26.5
TTSS（12-4-12）	0.0096	25.6
TTSS（14-4-14）	0.0035	24.6
TTSS（16-4-16）	0.0012	23.0
SDS	82.0	39.2

由表 2-13 可见，TTSS（n-4-n）系列表面活性剂的 CMC 比同类型的单链表面活性剂，如十二烷基磺酸钠（SDS），低 2～3 个数量级，并且表面张力也比 SDS 要小，具有更高的表面活性。该表面活性剂具有极低的临界胶束浓度，其临界胶束浓度都在 $1.2\times10^{-6}\sim3.08\times10^{-4}$mol/L，表面张力在 23.0～28.5mN/m。TTSS（n-4-n）系列表面活性剂与对应的疏水烷基相同的 TTSS（n-3-n）相比，CMC 和 γ_{CMC} 都略低，表现出四聚体磺酸盐的表面活性略高于三聚体磺酸盐类表面活性剂。三

聚体和四聚体磺酸盐类表面活性剂具有作为三次采油驱油剂的潜力。

2.2.7　最终产物活性物含量测定

参考 GB/T 5173—1995《表面活性剂和洗涤剂阴离子活性物含量的测定　直接两相滴定法》，采用混合酸性指示剂，在水相-氯仿相介质中，以 Hyamine1622 阳离子表面活性剂为标准溶液滴定分析阴离子活性物的含量。阳离子表面活性剂溶液浓度 c 为 0.00421mol/L，空白平行实验耗用阳离子表面活性剂溶液为 0.12mL。

把表 2-14 中的相对分子质量分别代入式（2-5）进行计算，活性物含量结果列于表 2-15 中。

表 2-14　TTSS（*n*-4-*n*）四聚磺酸盐表面活性剂的相对分子质量

不同烷基的磺酸盐表面活性剂	TTSS（8-4-8）	TTSS（10-4-10）	TTSS（12-4-12）	TTSS（14-4-14）	TTSS（16-4-16）
四聚体相对分子质量（*M*）	1456	1568	1680	1792	1904

表 2-15　产物 TTSS（*n*-4-*n*）的活性物含量测定

不同烷基的表面活性剂	TTSS（8-4-8）	TTSS（10-4-10）	TTSS（12-4-12）	TTSS（14-4-14）	TTSS（16-4-16）
质量/g	0.9966	0.9946	0.9956	1.0111	0.9896
耗用表面活性剂溶液/mL	16.78	15.56	14.36	13.86	12.96
活性物含量/%	96.17	96.69	95.43	96.71	98.08

从表 2-15 可知，通过该方法得到产品 TTSS（*n*-4-*n*）的活性物含量高达 95% 以上。

2.2.8　最终产物熔点和 Krafft 点测定

从表 2-16 可知，TTSS（8-4-8）、TTSS（10-4-10）、TTSS（12-4-12）、TTSS（14-4-14）和 TTSS（16-4-16）的熔点分别是 139℃、145℃、155℃、166℃ 和 178℃。Krafft 点均小于零，有利于表面活性剂在低温条件充分溶解。

表 2-16　产物 TTSS（*n*-4-*n*）熔点和 Krafft 点的测定

不同烷基的表面活性剂	TTSS（8-3-8）	TTSS（10-3-10）	TTSS（12-4-12）	TTSS（14-4-14）	TTSS（16-4-16）
熔点/℃	139	145	155	166	178
Krafft 点/℃	<0	<0	<0	<0	<0

2.3　小　　结

采用醚化法、开环化法和磺化法合成三聚和四聚磺酸盐型系列表面活性剂 TTSS（n-3-n）和 TTSS（n-4-n）并对中间体及产物提纯；测定中间体的环氧值或羟值，测定最终产物的活性物浓度、熔点和 Krafft 点。

采用质谱仪、红外光谱仪、DSC 示差扫描量热仪和元素分析仪等对合成的 TTSS（12-3-12）和 TTSS（12-4-12）进行表征，确定其结构与目标产物一致，热稳定性良好。

TTSS（n-3-n）和 TTSS（n-4-n）系列表面活性剂的 CMC 与同类型的单链表面活性剂 SDS 相比，低 2～3 个数量级，并且表面张力也比 SDS 要小，具有更高的表面活性。该低聚磺酸盐表面活性剂具有较高的表面活性和极低的 CMC 值，其 CMC 都在 $1.2×10^{-6}$～$3.2×10^{-4}$mol/L，表面张力在 23～30mN/m。TTSS（n-4-n）系列表面活性剂与对应的疏水烷基相同的 TTSS（n-3-n）相比，CMC 和 γ_{CMC} 都略低，表现出 TTSS（n-4-n）表面活性略高于 TTSS（n-3-n）表面活性剂。

参 考 文 献

[1] Zana R. Micellization of amphiphiles：selected aspects[J]. Colloids and Surface A：Physicochemical and Engineering Aspect，1997，（123-124）：27-35.

[2] 赵剑曦. 低聚表面活性剂——从分子结构水平上调控有序聚集体[J]. 日用化学工业，2002，32（3）：39-42.

[3] 赵剑曦. 新一代表面活性剂：Gemini[J]. 化学进展，1999，（11）：348-357.

[4] Frederick C B，Verona N J. Washing composition [P]. US：2524218，1950-10-03.

[5] Quencer L B. The detergency properties of mono and dialkylated mono and disulfonated diphenyl oxide surfactants [C]. Proceedings of the 4th World Surfactant Congress，Barcelona，1996，66-75.

[6] Bunton C A，Robinson L. Catalysis of nucleophilic substitutions by micelles of dicationic detergent [J]. Journal of Organic Chemistry，1971，36（3）：2346-2352.

[7] Deinega Y F，Ul'bert Z R，Ivkina N A. Metal-polymer coatings based on a lead-zinc alloy [J]. Powder Metallurgy and Metal Ceramics，1976，15（1）：23-26.

[8] Okahara M，Masuyama A，Zhu Y P，et al. Surface active properties of new type of amphipathic compounds with two hydrophilic ionic groups and two lipophilic alkyl chains [J]. Journal of Japan Oil Chemists Society，1988，37：746-748.

[9] Zhu Y P，Masuyama A，Okahara M，et al. Preparation and surface active properties of amphipathic compounds with two sulfate groups and two lipophilic alkyl chains [J]. JAOCS，1990，67（7）：459-463.

[10] 周明，赵金洲，刘建勋，等. 磺酸盐型 Gemini 表面活性剂合成研究进展[J]. 应用化学，2011，28（8）：855-863.

[11] Zhu Y P，Masuyama A，Okahara M，et al. Preparation and properties of double-chain surfactants bearing two sulfonate groups [J]. Journal of Japan Oil Chemists Society，1991，40（6）：473-477.

[12] 周明，钟祥，赵焰峰，等. 一种新型双子磺酸盐型表面活性剂的合成[J]. 化学试剂，2013，35（8）：738-740.

[13] Menger F M，Littalu C A. Gemini surfactants：synthesis and properties[J]. Journal of the American Chemical

Society, 2002, 113（4）: 1451-1452.

[14] Menger F M, Littalu C A. Gemini surfactants: A new class of self-assembling molecules[J]. Journal of the American Chemical Society, 1993, 115（22）: 1083-1090.

[15] Zana R, Benrraou M, Rueff R. Alkanediyl-α, ω-bis（dimethyl alky lammonium bromide）surfactants 1. Effect of the spacer chain length on the critical mcelle concentration and micelle ionization degree [J]. Langmuir, 1991, 7: 1072-1075.

[16] Alami E, Levy H, Zana R. Alkanediyl-α, ω-bis（dimethyl alkyl ammonium bromide）surfactants. 2. Structure of the lyotropic mesophases in the presence of water [J]. Langmuir, 1993, 9: 940-944.

[17] Alami E, Beinert G, Zana R. Alkanediyl-α, ω-bis（dimethy lalkyl ammonium bromide）surfactants. 3. Behavior at the air-water interface [J]. Langmuir, 2002, 9（6）: 1465-1467.

[18] Frindi M, Michels B, Zana R. Alkanediyl-α, ω-Bis（dimethyl alkyl ammonium bromide）surfactants. Ultrosonic absorption studies of amphiphile exchange between micelles and bulk phase in aqueous micellar solutions [J]. Langmuir, 1994, 10（4）: 1140-1145.

[19] Danino D, Talmon Y, Zana R. Alkanediyl-α, ω-Bis（dimethyl alkyl ammonium bromide）surfactants. 5. Aggregation and microstructure in aqueous solutions [J]. Langmuir, 1995, 11（5）: 1448-1456.

[20] Zana R, Levy H. Alkanediyl-α, ω-bis（dimethyl alkyl ammonium bromide）surfactants（dimeric surfactants）Part 6. CMC of the ethanediyl-1, 2-bis（dimethyl alkyl ammonium bromide）series [J]. Colloids Surfaces A, 1997, 127（1）: 229-232.

[21] Zana R. Bolaform and dimeric surfactants, specilist surfactants [C]. Blakie Academic and Professional London, 1997: 81-103.

[22] Rosen M J, et al. Relationship of structure to properties of surfactants. 16. Linear decyldiphenylether sulfonates [J]. JAOCS, 1992, 69（1）: 30-33.

[23] Rosen M J. Geminis: A new generation of surfactants: these materials have better properties than conventional ionic surfactants as well as positive synergistic effects with non-ionics [J]. Chemistry Technology, 1993, 23（3）: 30-33.

[24] Rosen M J, Zhu Z H, Gao T. Synergism in binary mixture of surfactants: 11. mixtures containing mono-and disulfonated alkyl-and dialkyldiphenylethers[J]. Journal of Colloid and Interface Science, 1993, 157（1）: 254-259.

[25] Rosen M J, et al. Normal and abnormal surface properties of gemini surfactants [C]. Proceeding of the 4th World Surfactants Congress, Barcelona, 1996, 2: 416-423.

[26] Menger F M, Seredyuk V A, Apkarian R P, et al. Depth-profiling with giant vesicle membranes [J]. Journal of the American Chemical Society, 2002, 124（42）: 12408-12409.

[27] Zana R, Xia J D. Gemini Surfactant: synthesis, interfacial and iolution phase behavior, and applications [M]. New York: CRC Press, 2003.

[28] 王江, 王万兴. Gemini 两性离子表面活性剂合成及在浓乳剂中的应用[D]. 大连: 大连理工大学, 1997.

[29] Zheng O, Zhao J X, Yan H. Dilution method study on the interfacial composition and structural parameters of water/C_{12}-EOx-C_{12} 2Br/n-hexanol/n-heptane microemulsions: Effect of the oxyethylene groups in the spacer [J]. Journal of Colloid and Interface Science, 2007, 310（1）: 331-336.

[30] Zheng O, Zhao J X, Chen R T. Aggregation of quaternary ammonium gemini surfactants C_{12}-s-C_{12} 2Br in n-heptane/n-hexanol solution: Effect of the spacer chains on the critical reverse micelle concentrations [J]. ibid, 2006, 300（1）: 310-313.

[31] 赵剑曦. 杂双子表面活性剂的研究进展[J]. 化学进展, 2005, 17（6）: 987-993.

[32] Jiang R, Ma Y H, Zhao J X. Adsorption dynamics of binary mixture of demini surfactant and opposite-charged

conventional surfactant in squeous solution [J]. ibid，2006，297（2）：412-418.

[33]　赵剑曦，朱永平，游毅. C_{12}-s-C_{12}·2Br 和己醇混合水溶液的胶团化行为[J]. 物理化学学报，2003，19（6）：557-559.

[34]　陈文君，顾强，李干佐. 添加剂对双子表面活性剂 DYNOL-604 浊点的影响[J]. 化学学报，2002，60（5）：810-814.

[35]　姚志刚，李干佐，董凤兰. Gemini 表面活性剂合成进展[J]. 化学进展，2004，16（3）：349-364.

[36]　Song X Y，Li P X，Wang Y L. Solvent effect on the aggregate of fluorinated gemini surfactant at silica surface [J]. Journal of Colloid and Interface Science，2006，304（1）：37-44.

[37]　Li Y J，Wang X Y，Wang Y L. Comparative studies on interactions of bovine serum albumin with cationic Gemini and single-chain surfactants [J]. Journal of Physics and Chemistry B，2006，110（16）：8499-8505.

[38]　Wang Y X，Han Y C，Wang Y L. Aggregation behaviors of a series of anionic sulfonate Gemini surfactants and their corresponding monomeric surfactant [J]. ibid，2008，319（2）：534-541.

[39]　杜丹华，王全杰，朱先义. Gemini 表面活性剂的研究进展及应用[J]. 皮革与化工，2010，27（1）：18-23.

[40]　Zana R，Levy H，Papoutsi D，et al. Micellization of two triquar ternary ammonium surfactants in aqueous solution [J]. Langmuir，1995，11（10）：3694-3698.

[41]　Reiko O，Ivan H. Aggregation properties and mixing behavior of hydrocarbon fluorocarbon and hlyhrid hydrncarbon-floorocarbon cationic dimeric surfactants[J]. Langmuir，2000，16（25）：9759-9769.

[42]　Menger F M，Migulin V. Synthesis and properties of multiarmed Geminis[J]. Journol of Organic Chemistry，1999，64（24）：8916-8927.

[43]　陈功，黄鹏程. 新型双联阳离子活性剂的合成与表征[J]. 石油化工，2002，31（3）：194-197.

[44]　李进升，方波，姜舟，等. 新型三聚阳离子表面活性剂的合成[J]. 华东理工大学学报（自然科学版），2005，3（4）：425-429.

[45]　Menger F M，Migulin V. Synthesis and properties of multiarmed geminis [J]. The Journal of Organie Chemistry，1999，64（24）：8916-8921.

[46]　Torres J L，Hera E，Infante M R，et al. Aggregation properties of cationic Gemini surfactants with partially fluorinated spacers in aqueous solution[J]. Biochemical Biotechnology，2001，31（1）：59-274.

[47]　Zhu Y P，Masuyama A，Kobata Y，et al. Double-chain surfactants with two carboxylate groups and their relation to similar double-chain compounds [J]. Journal of Colloid and Interface Scienee，1993，158（1）：40-45.

[48]　Rosen M J，Zhu Z H，Hua X Y. Relationship of strueture to properties of surfaetants. 16. Linear deeyldiPhenylether sulfonates [J]. Journal of the Amerian Oil Chemists Society，1992，69（1）：30-33.

[49]　Marcelo C M，Cabrera M L，Javier F G，et al. New oligomeric surfaetants with multiple-ring spacers：Synthesis and tensioactive properties [J]. Colloids and Surfaces A：Physicochemical and Engineering Aspects，2005，262（1）：1-7.

[50]　Francis L D，Martinus C F，van der Gaast S J，et al. Synthesis and Properties of Di-n-dodecyl，α-ω alkyl bisphosphate surfactants [J]. Langmuir，1997，13（14）：3737-3743.

[51]　范歆，方云. 双亲油基—双 7 亲水基型表面活性剂[J]. 日用化学工业，2000，（3）：21-23.

[52]　Paddon J G，Regismond S，Kwetkat K，et al. Micellization of nonionic surfactant dimers and of the corresponding surfactant monomers in aqueous solution[J]. Journal of Colloid and Interface Science，2001，243（2）：496-502.

[53]　赵秋伶，高志农. 硫酸酯盐两性低聚表面活性剂的合成及表面活性[J]. 武汉大学学报(理学版)，2005，1(51)：709-711.

[54]　Jeagr D A，Li B，Cliark T. Cleavable double-chain surfactants with one cationic and one anionic head group that from vesicles[J]. Langmuir，1996，12（18）：4314-4316.

[55]　Chen H，Han L J，Luo P Y，et al. The interfacial tension between oil and Gemini surfactant solution [J]. Surface

Science，2004，552（1）：53-57.

[56]　郑延成，韩冬，杨普华. 低聚表面活性剂的合成及应用进展[J]. 化工进展，2004，23（8）：853-855.

[57]　van Der Voort P，Mathieu M，Mees F，et al. Synthesis of high-quality MCM-48 and MCM-41 by means of the Gemini surfactant method[J]. Physical Chemistry B，1998，102（44）：8847-8851.

[58]　周晓东，石华强，傅洵，等. 咪唑啉表面活性剂的合成及用于制备 ZnSe 纳米材料[J]. 稀有金属材料与工程，2007，36（2）：101-104.

[59]　Chen，David K. Separation of ergot alkaloids by micellar electrokinetic capillary chromatiography using cationic Gemini surfactants[J]. Journal of Chromatiography A，1998，822（2）：281-290.

[60]　李晨，杨继萍，陈功. 双子表面活性剂在苯胺乳液聚合中的应用[J]. 日用化学品科学，2007，30（7）：24-27.

[61]　Wang Y J，Desbat B，Manet S，et al. Aggregation behaviors of Gemini nucleotide at theair-water interface and in solutions induced by adenine-uracil interaction [J]. Journal of Colloid and Interface Science，2005，283（2）：555-564.

[62]　Kralova K，Sersen F. Long chain bisquaternary ammonium salts-effective inhibitors of photosynthesis [J]. Tensidesur Surfactants Detergents，1994，31：192-194.

[63]　王万霞，何云飞，尚亚卓，等. Gemini 表面活性剂（12-6-12）和 DNA 的相互作用[J]. 物理化学学报，2011，27（1）：156-162.

[64]　孙岩.新表面活性剂[M]. 北京：化学工业出版社，2003：327.

[65]　Laurent W，Andre´L，Alain M，et al. Aggregation numbers of cationic oligomeric surfactants：A time-resolved fluorescence quenching study[J]. Langmuir，2006，22（6），2551-2557.

[66]　Mouzin G，Cousse H，Rieu J P，et al. A convenient one-step synthesis of glycidyl ethers[J]. Synthesis，1983，（2）：117-119.

[67]　王文波，刘玉芬，申书昌. 表面活性剂使用仪器分析[M]. 北京：化学工业出版社，2003，246-264.

[68]　Zhou M，Zhao J Z，Wang X，et al. Synthesis and characterization of novel surfactants 1，2，3-tri（2-oxypropylsulfonate-3-alkylether-propoxy）propanes. Jourual of Surfactants and Detergents，2013，16（5）：665-672.

[69]　王业飞，黄建滨. 氧乙烯化十二醇醚丙撑磺酸钠的合成及表面活性[J]. 物理化学学报，2001，17（6）：488-490.

[70]　毛培坤. 表面活性剂产品工业分析[M]. 北京：化学工业出版社，2002.

[71]　袁锐，李在均，殷福珊，等. 萘（苯）双十四烷基双磺酸钠 Gemini 表面活性剂合成及性能研究[J]. 化学研究与应用，2006，18（7）：851-855.

[72]　Masakatsu H，Shinoda K. Krafft points of calcium and sodium dodecylpoly（oxyethylene）sulfates and their mixtures [J]. Journal of Physical Chemistry，1973，77（3）：378-381.

[73]　Zhou M，Zhong X，Zhao J Z，et al. Synthesis and surface active properties of 1，1，1，1-tetra-（2-oxypropyl sulfonate-3-alkylether-propoxy）neopentanes. Journal of Surfactants and Detergents，2013，16（3）：285-290.

[74]　Weil J K，Smith F D，Stirton A J，et al. Tallow alcohol sulfates properties in relation to chemical modification [J]. JAOCS，1959，36：241-244.

[75]　朱步瑶，赵国玺. 论表面活性剂水溶液的最低表面张力[J]. 精细化工，1985，2（4）：1-4.

[76]　Zhu Y P，Masuyama A，Okahara M，et al. Preparation and surface-active properties of new amphipathic compounds with two phosphate groups and two long-chain alkyl groups [J]. JAOCS，1991，68（4）：268-271.

[77]　赵国玺，朱步瑶. 表面活性剂作用原理[M]. 北京：中国轻工业出版社，2002，105-147.

[78]　Zhu Y P，Masuyama A，Okahara M，et al. Preparation and properties of double or triple-chain surfactants with two sulfonate groups derived from N-acyldiethanolamines [J]. Langmuir，1991，68（7）：539-543.

第3章 物理化学性质及抗温抗盐机理

3.1 物理化学性质

3.1.1 表面张力法测定 CMC

在 25℃下，利用 JJ2000B 张力仪采用铂金拉环法测定不同浓度的表面活性剂溶液的平衡表面张力。在 0.1mN/m 以内，平衡表面张力值可重复。CMC 和将表面张力降低到 20mN/m 的浓度（C_{20}）由表面张力所对应的表面活性剂溶液的物质的量的浓度对数值确定。

1. 拉环法测定表面张力的基本原理

拉环法是应用相当广泛的方法，它可以测定纯液体溶液的表面张力，也可测定液体的界面张力。将一个金属环（如铂丝环）放在液面（或界面）上与润湿该金属环的液体相接触，则把金属环从该液体拉出所需的拉力 P 由液体表面张力、环的内径及环的外径所决定。设环被拉起时带起一个液体圆柱（图 3-1），则将环拉离液面所需总拉力 P 等于液柱的重力：

$$P=mg=2\pi\sigma R'+2\pi\sigma(R'+2r)=4\pi\sigma(R'+r)=4\pi R\sigma \tag{3-1}$$

式中，m 为液柱质量；R' 为环的内半径；r 为环丝半径；R 为环的平均半径，$R=R'+r$；σ 为液体的表面张力。

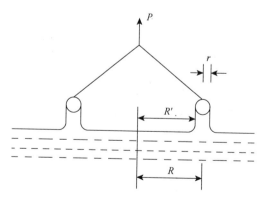

图 3-1 拉环法测表面张力的理想情况

因为环实际拉起的液体并非呈圆柱形，因此要对式（3-1）进行校正。于是得

$$\sigma = \frac{PF}{4\pi R} \tag{3-2}$$

式中，F 为校正因子。

2. 实验步骤

将表面活性剂分别配制成一系列质量浓度的纯水溶液，用 Sigma 型表面张力仪测定溶液在 25℃时的平衡表面张力。表面活性剂水溶液的表面张力随着浓度增加而迅速下降，到达一定浓度后则变化缓慢或不再改变。通常用表面张力-浓度对数图来确定 CMC。具体做法是测定一系列不同浓度溶液的表面张力，作出表面张力 σ 随 $\lg c$ 的变化曲线。将曲线转折点两侧的直线部分外延，相交点的浓度即为此体系中的临界胶束浓度。

3.1.2　TTSS（n-3-n）物理化学性质

表面活性剂的临界胶束浓度 CMC 和表面张力是评价表面活性剂的重要参数。TTSS（n-3-n）实验数据列于表 3-1 中。

表面最大吸附量 Γ_{max} 可以用式（3-3）进行计算：

$$\Gamma_{max} = \frac{-1}{2.303nRT}\left(\frac{\partial \gamma}{\partial \lg c}\right)_T \tag{3-3}$$

式中，γ 为表面张力（mN/m）；c 为表面活性剂溶液浓度（mol/L）；T 为热力学温度（K）；$R=8.314$ J/（mol·K）；Γ_{max} 的单位为 mol/cm^2；n 为常数（受反离子影响），未添加 NaCl 时 $n=2$，NaCl 摩尔浓度较高时，反离子浓度视为不变，$n=1$。$\left(\frac{\partial \gamma}{\partial \lg c}\right)_T$ 为负，溶液的 γ 随溶液浓度的增加而下降，则溶质在表面过剩是正的，也就是说表面层的溶质浓度大于溶液内部的，即溶质在溶液的表面被正吸附，溶质在表面上富集。$\left(\frac{\partial \gamma}{\partial \lg c}\right)_T$ 为正，则溶质在表面过剩是负的，也就是说表面层的溶质浓度小于溶液内部的，即溶质在溶液的表面被负吸附。

在油水界面也产生类似气水界面的吸附，只是由于"油"相的密度大于"气"相，在平衡溶液状态下，表面活性剂的烷基链更易于进入"油"相而被吸附，即表面浓度较大；在浓溶液情况下，即接近饱和吸附的情况下，"油"相分子可能插入吸附的表面活性剂分子烷基链之间，而使表面吸附量减少。

平均每个分子占有的最小面积 A_{min} 可以用式（3-4）进行计算：

$$A_{min} = (N_A \Gamma_{max})^{-1} \times 10^{14} \tag{3-4}$$

式中，N_A 为阿伏伽德罗常量；Γ_{max}、A_{min} 的单位分别为 mol/cm^2、nm^2。

　　每个分子占有的最小面积 A_{min} 的值的大小反映分子在吸附层的排列情况、紧密程度和定向情况。由表面活性剂的吸附状态可以判定表面活性剂的活性大小，若在很低浓度时就达到吸附饱和，即达到最低的表（界）面张力，则此种表面活性剂的活性就大，相反，则活性就小。表面活性剂的临界胶束浓度 CMC 值为开始达到表（界）面饱和吸附量时的对应表面活性剂的浓度，可以视为表面活性剂的一个判据。

　　pC_{20} 代表表面张力降低至 20mN/m 所需表面活性剂溶液的浓度的负对数，可以作为表面活性剂降低表面张力效率的量度，由式（3-5）进行计算：

$$pC_{20} = \frac{\gamma_0 - 20 - \gamma_{CMC}}{2.303nRT \cdot \Gamma_{max}} - \lg C_{CMC} \tag{3-5}$$

　　测定并计算得到无盐溶液条件下的 CMC、γ_{CMC}、pC_{20}（降低表面张力的效率）、Γ_{max}、A_{min} 和 CMC/C_{20}（临界胶束浓度和表面张力降低至 20mN/m 时浓度的比值）等表面化学性质。

　　TTSS（n-3-n）表面活性剂的表界面性质如表 3-1 所示。

表 3-1　不同三聚磺酸盐表面活性剂的表面性能（20℃）

表面活性剂	CMC/ (mmol/L)	γ_{CMC} / (mN/m)	pC_{20}	CMC/C_{20}	Γ_{max}/ (×10^{-6} mol/m^2)	A_{min}/nm^2
TTSS（8-3-8）	0.316	29.5	5.08	13.79	2.45	0.678
TTSS（10-3-10）	0.080	26.8	5.99	26.49	2.30	0.722
TTSS（12-3-12）	0.0033	26.2	7.12	37.03	2.72	0.611
TTSS（14-3-14）	0.0040	24.8	7.61	21.98	2.47	0.672
TTSS（16-3-16）	0.0018	23.3	7.87	18.84	2.34	0.710
SDS	82.0	39.2	3.05	3.28	3.16	0.530

　　由表 3-1 可见，TTSS（n-3-n）系列表面活性剂的 CMC 与同类型的单链表面活性剂如十二烷基磺酸钠（SDS）相比，低 2～3 个数量级，γ_{CMC} 也要低 10mN/m 左右。TTSS（n-3-n）系列表面活性剂的 pC_{20}、CMC/C_{20} 和 A_{min} 比 SDS 大，其 Γ_{max} 比 SDS 小，具有更高的表面活性。通过 pC_{20} 数据的对比，还发现此类新型表面活性剂具有良好的降低表面张力的效率。

　　由表 3-1 还可以发现，Γ_{max} 均为正值，即表明溶液的表面张力 γ 随溶液浓度的增加而下降，则表面活性剂在表面过剩是正的，也就是说表面层的表面活性剂浓度大于溶液内部的，即表面活性剂在溶液的表面被正吸附，表面活性剂在表面上富集。实验所测的值表明，通常具有亲水基的离子型表面活性剂，在饱和吸附时，表面活性剂分子的一端并不是紧密排列的，也不是平躺在界面上，而是在界面上略呈现倾斜或绕圈形式排列。随着三聚表面活性剂的疏水碳链从 8 增到 12，Γ_{max} 先增加，即表面活性剂分子在界面上的排列逐渐变紧密，吸附效能明显增加；而碳链从 12 增到 16，Γ_{max} 降低，即排列逐渐松散，吸附效能明显减少。这种减少归因于长链绕圈引起界面上分子的横截面积增加。

　　与以往合成的相同疏水链的单链表面活性剂和双链表面活性剂相比，三聚磺酸盐表面活性剂分子由于联接基的化学键减小分子上的亲水基的排斥作用更强，在油水界面上排列的亲水亲油基团增加，进一步提高了分子在界面上排列紧密程度，显著降低了表界面张力，因而具有更强的表面活性。

　　图 3-2 是 TTSS（n-3-n）表面活性剂浓度对数（log$c$）对表面活性剂的表面张力的影响关系图。随着表面活性剂浓度的增加，表面张力降低，达到临界值后，随表面活性剂浓度增加，表面张力几乎不变。

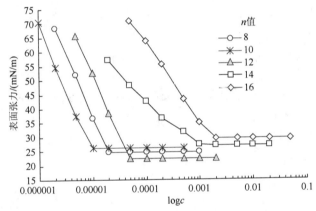

图 3-2　TTSS（n-3-n）表面活性剂的表面张力与表面活性剂浓度对数（log$c$）的关系

　　TTSS（n-3-n）表面活性剂的起泡性能、钙皂分散力（LSDR）和润湿能力如表 3-2 所示。

表 3-2　TTSS（n-3-n）表面活性剂的起泡性，LSDR 和润湿能力（20℃）

表面活性剂	起泡体积/mL		LSDR	润湿时间/s
	0min	5min		
TTSS（8-3-8）	250	145	12.4	35.0
TTSS（10-3-10）	260	235	10.1	60.0
TTSS（12-3-12）	280	250	8.20	150
TTSS（14-3-14）	265	210	6.70	600
TTSS（16-3-16）	220	185	5.60	120
SDS	215	120	94.0	25.0

随着疏水基的增加，起泡性先增加，当疏水基为 $C_{12}H_{25}$ 时，起泡性能达到最强，随后起泡性能降低。从表 3-2 中可以看出，TTSS（*n-3-n*）的 LSDR 的能力比 SDS 强；疏水基较短，润湿时间短，润湿能力较强。

3.1.3　TTSS（*n-4-n*）物理化学性质

表面活性剂的临界胶束浓度（CMC）和表面张力是评价表面活性剂的重要参数。TTSS（*n-4-n*）实验数据列于表 3-3 中。

表 3-3　不同四聚体表面活性剂的表面性能（20℃）

表面活性剂	CMC / (mmol/L)	γ_{CMC} / (mN/m)	pC_{20}	CMC/C_{20}	Γ_{max} / ($\times 10^{-6}$ mol/m^2)	A_{min}/nm^2
TTSS（8-4-8）	0.308	28.5	5.82	28.55	1.76	0.944
TTSS（10-4-10）	0.072	26.5	5.89	31.66	1.88	0.884
TTSS（12-4-12）	0.0096	25.6	7.17	33.22	2.12	0.784
TTSS（14-4-14）	0.0035	24.6	7.50	43.42	2.33	0.713
TTSS（16-4-16）	0.0012	23.3	7.79	63.67	2.67	0.622
SDS	82.0	39.2	3.05	3.28	3.16	0.530

由表 3-3 可见，TTSS（*n-4-n*）系列表面活性剂的 CMC 与同类型的单链表面活性剂如十二烷基磺酸钠（SDS）相比，低 2～3 个数量级，γ_{CMC} 也要低 10mN/m 左右。TTSS（*n-4-n*）系列表面活性剂的 pC_{20}、CMC/C_{20} 和 A_{min} 比 SDS 大，其 Γ_{max} 比 SDS 小，具有更高的表面活性。

与三聚表面活性剂的 Γ_{max} 先随疏水链的增加而增加再减小的情况不同，四聚表面活性剂的 Γ_{max} 随疏水链的增加而增加。即随着疏水链从 8 增加到 16，表面活性剂分子在界面上排列逐渐变紧密，吸附效能明显增强。

与相同疏水链长的三聚磺酸盐表面活性剂相比，四聚磺酸盐表面活性剂分子由于联接基的化学键减小了亲水基的排斥力作用，提高了分子在油水或气液界面上排列的紧密程度，在界面上排列的亲水亲油基团增加，因而其降低表界面张力的能力比三聚磺酸盐表面活性剂强，具有更强的表面活性。

TTSS（*n-4-n*）表面活性剂的表面张力与表面活性剂浓度对数的关系如图 3-3 所示。

当随着表面活性剂浓度的增加，表面张力降低，达到临界值后，随表面活性剂浓度增加，表面张力几乎不降低。不同疏水基的表面活性剂的表面张力与临界胶束浓度 CMC 的对数成线性关系，其线性回归方程是 $\gamma_{CMC}=2.6302\log CMC+38.722$。而 TTSS（*n-3-n*）的表面张力与 CMC 没有此关系。

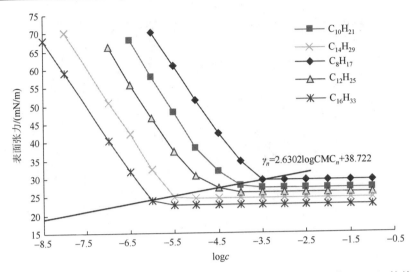

图 3-3　TTSS（*n*-4-*n*）表面活性剂的表面张力与表面活性剂浓度对数（log*c*）的关系

TTSS（*n*-4-*n*）表面活性剂的起泡性能、LSDR 和润湿能力如表 3-4 所示。

表 3-4　TTSS（***n*-4-*n***）表面活性剂的起泡性，LSDR 和润湿能力（20℃）

表面活性剂	起泡体积/mL		LSDR	润湿时间/s
	0min	5min		
TTSS（8-4-8）	265	155	12.0	38.0
TTSS（10-4-10）	280	240	10.9	65.0
TTSS（12-4-12）	290	250	8.35	136
TTSS（14-4-14）	270	220	6.55	620
TTSS（16-4-16）	230	190	5.75	135
SDS	215	120	94.0	25.0

从表 3-4 可知，随着疏水基的增加，起泡性先增加，当疏水基为 $C_{12}H_{25}$ 时，起泡性能达到最强，随后起泡性能降低。TTSS（*n*-4-*n*）的 LSDR 的能力比 SDS 强；疏水基较短，润湿时间短，润湿能力较强。与 TTSS（*n*-3-*n*）在起泡性能、LSDR 和润湿能力方面有相似之处。

3.2　从反离子结合度方面研究抗温抗盐机理

无机盐电解质对表面活性剂的表面活性与胶束形成的影响是实际应用中十分常见的。采用表面张力法测定表面活性剂的表面活性是简单而有效的手段。无机盐对表面活性剂特别是离子型表面活性剂的表面活性有很大的影响，本节考察了不同浓度的 NaCl 对表面活性的影响。通常在离子型表面活性剂体系中加入具有同离子的无机盐能提高表面张力降低的效率和效能，并使 CMC 显著降低。因此加入无机盐可以提高三聚磺酸盐表面活性剂溶液的表面化学性质及胶束热力学性质。

3.2.1　反离子结合度的测定

用电导法测定反离子结合度（k_0），在 100℃、110℃、120℃等温密闭压力容器中将不同浓度（c）样品 50mL 放入烧杯中，插入铂黑电极 3 分钟后读数，所显示读数即为电导率 κ。每个样品重复测定 3 次，取平均值，作 κ-c 曲线，利用斜率之比即可得到反离子结合度。

3.2.2　抗温机理研究

反离子结合度 k_0 的计算如下：

三聚阴离子表面活性剂缔合成胶束过程可以用式（3-6）表示：

$$nS^{3+}+3nX^-=(S_nX_{3n-3p})^{3p+}+3pX^- \tag{3-6}$$

四聚阴离子表面活性剂缔合成胶束过程可以用式（3-7）表示：

$$nS^{4+}+4nX^-=(S_nX_{4n-4p})^{4p+}+4pX^- \tag{3-7}$$

式中，S^{3+}、S^{4+} 为表面活性剂离子；X^- 为其反离子；n 为聚集数；$(S_nX_{3n-3p})^{3p+}$、$(S_nX_{4n-4p})^{4p+}$ 表示生成的聚集数为 n 的胶束表面结合了 $3n-3p$、$4n-4p$ 个反离子，则胶束表面反离子解离度 $\alpha=p/n$。实际中常利用临界胶束两侧电导率随浓度变化的斜率之比确定 α：

$$\alpha=S_2/S_1 \tag{3-8}$$

式中，S_1 为 CMC 以下直线斜率；S_2 为 CMC 以上直线斜率，则反离子结合度 k_0：

$$k_0=1-\alpha \tag{3-9}$$

在不同温度情况下测定不同浓度的 TTSS（n-3-n）和 TTSS（n-4-n）表面活性剂的电导率，作出相关曲线并通过式（3-6）～式（3-9）计算可得表 3-5～表 3-14。

表 3-5　TTSS（8-3-8）高温下的 CMC、电导率和反离子结合度

温度/℃	100	110	120
κ/（μs/cm）	267.9	238.3	248.7
10^4CMC/（mol/L）	5.486	5.731	5.997
S_1	125.6	162.1	180.2
S_2	30.9	42.2	47.7
解离度 α	0.2460	0.2603	0.2647
反离子结合度 k_0	0.7540	0.7397	0.7353

表 3-6　TTSS（10-3-10）高温下的 CMC、电导率和反离子结合度

温度/℃	100	110	120
κ（μs/cm）	205.4	217.6	230.8
10^4CMC/（mol/L）	4.448	4.831	5.216
S_1	153.3	172.8	188.6
S_2	40.7	49.1	56.7
解离度 α	0.2655	0.2841	0.3006
反离子结合度 k_0	0.7345	0.7159	0.6994

表 3-7　TTSS（12-3-12）高温下的 CMC、电导率和反离子结合度

温度/℃	100	110	120
κ/（μs/cm）	185.2	197.3	212.5
10^4CMC/（mol/L）	0.920	1.231	1.767
S_1	225.3	262.1	263.2
S_2	65.3	86.8	92.7
解离度 α	0.2898	0.3312	0.3522
反离子结合度 k_0	0.7102	0.6688	0.6478

表 3-8　TTSS（14-3-14）高温下的 CMC、电导率和反离子结合度

温度/℃	100	110	120
κ/（μs/cm）	72.1	87.5	96.7
10^4CMC/（mol/L）	0.320	0.564	0.832
S_1	255.6	287.5	293.2
S_2	76.5	93.8	99.5
解离度 α	0.2993	0.3263	0.3394
反离子结合度 k_0	0.7007	0.6737	0.6606

表 3-9　TTSS（16-3-16）高温下的 CMC、电导率和反离子结合度

温度/℃	100	110	120
κ/（μs/cm）	57.4	68.2	73.7
10^4CMC/（mol/L）	0.214	0.231	0.258
S_1	260.3	285.4	302.5
S_2	82.1	94.1	117.0
解离度 α	0.3156	0.3332	0.3867
反离子结合度 k_0	0.6844	0.6668	0.6137

表 3-10　TTSS（8-4-8）高温下的 CMC、电导率和反离子结合度

温度/℃	100	110	120
$\kappa/$（μs/cm）	187.7	208.3	224.7
10^4CMC/（mol/L）	4.865	4.991	5.222
S_1	121.3	151.4	176.3
S_2	38.4	48.6	59.2
解离度 α	0.3167	0.3210	0.3358
反离子结合度 k_0	0.6833	0.6790	0.6642

表 3-11　TTSS（10-4-10）高温下的 CMC、电导率和反离子结合度

温度/℃	100	110	120
$\kappa/$（μs/cm）	158.5	177.6	198.4
10^4CMC/（mol/L）	4.123	4.538	4.996
S_1	140.7	152.1	168.2
S_2	37.4	42.8	50.1
解离度 α	0.2658	0.2814	0.2979
反离子结合度 k_0	0.7342	0.7186	0.7021

表 3-12　TTSS（12-4-12）高温下的 CMC、电导率和反离子结合度

温度/℃	100	110	120
$\kappa/$（μs/cm）	137.8	154.7	173.8
10^4CMC/（mol/L）	0.765	1.016	1.490
S_1	185.6	195.2	210.5
S_2	62.8	66.5	76.8
解离度 α	0.3384	0.3407	0.3648
反离子结合度 k_0	0.6616	0.6593	0.6352

表 3-13　TTSS（14-4-14）高温下的 CMC、电导率和反离子结合度

温度/℃	100	110	120
$\kappa/$（μs/cm）	65.4	78.6	92.3
10^4CMC/（mol/L）	0.238	0.455	0.689
S_1	218.6	244.3	260.8
S_2	75.2	85.5	95.2
解离度 α	0.3440	0.3500	0.3650
反离子结合度 k_0	0.6560	0.6500	0.6350

表 3-14　TTSS（16-4-16）高温下的 CMC、电导率和反离子结合度

温度/℃	100	110	120
κ/（μs/cm）	50.7	62.5	70.1
10^4CMC/（mol/L）	0.147	0.288	0.467
S_1	232.5	252.7	278.4
S_2	81.4	91.2	102.5
解离度 α	0.3501	0.3609	0.3682
反离子结合度 k_0	0.6499	0.6391	0.6318

从表 3-5~表 3-14 中可看出随温度的升高，三聚表面活性剂 TTSS（n-3-n）和四聚表面活性剂 TTSS（n-4-n）的电导率升高，反离子结合度 k_0 减小。因为在溶液中对电导有贡献的主要是带长链烷基的表面活性剂离子和相应的反离子，而胶束的贡献极为微小，温度升高，表面活性剂胶束热运动增加，导致固定在胶束上的反离子减少，溶液中的反离子增多，导电能力增加。当溶液浓度达 CMC 时，表面活性剂离子缔合成胶束，反离子固定于胶束表面，同时由于胶束的电荷被反离子部分中和，各种离子对电导的贡献明显下降，导致电导率的增长速度急剧减缓，故到达 CMC 后直线斜率 S_2 比 S_1 小很多。

另外，将三聚体和四聚体表面活性剂对比可知，在相同温度条件下，在 CMC 时，相同疏水链的四聚体表面活性剂的电导率比三聚体的电导率有所下降，反离子结合度 k_0 减小，因为在溶液中对电导有贡献的主要是带长链烷基的表面活性剂离子和相应的反离子，而胶束的贡献极为微小，四聚体比三聚体表面活性剂相对分子质量大，因而四聚体表面活性剂胶束热运动较弱，导致固定在胶束上的反离子增多，溶液中的反离子减少，导电能力减弱。

3.2.3　抗盐机理研究

NaCl 浓度变化对三聚表面活性剂 TTSS（n-3-n）和四聚表面活性剂 TTSS（n-4-n）的 CMC 和 γ_{CMC} 的影响见表 3-15~表 3-18。

表 3-15　NaCl 浓度变化对三聚表面活性剂 CMC 的影响

NaCl 浓度/（mol/L）		0	0.1	0.2	0.3	0.4	0.5
CMC/（×10^{-4}mol/L）	TTSS（8-3-8）	0.316	0.13	0.05	0.12	0.08	0.08
	TTSS（10-3-10）	0.080	0.032	0.016	0.011	0.009	0.009
	TTSS（12-3-12）	0.033	0.018	0.01	0.008	0.008	0.008
	TTSS（14-3-14）	0.0040	0.002	0.001	0.004	0.003	0.003
	TTSS（16-3-16）	0.0018	0.006	0.003	0.0008	0.0007	0.0007

表 3-16 NaCl 浓度变化对三聚表面活性剂 γ_{CMC} 的影响

NaCl 浓度/（mol/L）		0	0.1	0.2	0.3	0.4	0.5
γ_{CMC}/ (mN/m)	TTSS（8-3-8）	29.5	27.4	26.3	25.5	25.2	25.1
	TTSS（10-3-10）	26.8	25.7	25.0	24.6	24.4	24.3
	TTSS（12-3-12）	26.2	25.4	24.8	24.4	23.8	23.8
	TTSS（14-3-14）	24.8	23.9	23.6	23.4	23.2	22.9
	TTSS（16-3-16）	23.3	22.9	22.7	22.5	22.4	22.3

表 3-17 NaCl 浓度变化对四聚表面活性剂的 CMC 的影响

NaCl 浓度/（mol/L）		0	0.1	0.2	0.3	0.4	0.5
CMC/ ($\times10^{-4}$mol/L)	TTSS（8-4-8）	3.08	2.03	1.02	0.12	0.09	0.08
	TTSS（10-4-10）	0.72	0.32	0.10	0.06	0.03	0.02
	TTSS（12-4-12）	0.51	0.18	0.07	0.03	0.01	0.008
	TTSS（14-4-14）	0.04	0.02	0.01	0.007	0.005	0.004
	TTSS（16-4-16）	0.016	0.005	0.003	0.001	0.0007	0.0005

表 3-18 NaCl 浓度变化对四聚表面活性剂的 γ_{CMC} 的影响

NaCl 浓度/（mol/L）		0	0.1	0.2	0.3	0.4	0.5
γ_{CMC}/ (mN/m)	TTSS（8-4-8）	28.5	26.2	25.6	25.0	24.9	24.8
	TTSS（10-4-10）	26.5	25.3	24.7	24.3	24.1	24.0
	TTSS（12-4-12）	26.0	25.0	24.7	24.3	23.8	23.6
	TTSS（14-4-14）	24.5	23.7	23.4	23.1	22.9	22.9
	TTSS（16-4-16）	23.6	23.0	22.6	22.4	22.2	22.1

临界胶束浓度（CMC）和临界胶束浓度下的表面张力（γ_{CMC}）是衡量表面活性剂表面活性的重要参数。表 3-15~表 3-18 所示为三聚、四聚表面活性剂在不同无机盐电解质浓度下的表面张力 γ_{CMC} 和"CMC"。对于普通离子型表面活性剂，在其溶液中加入与表面活性剂反离子相同的无机盐电解质时，表面活性得到提高，CMC 及 γ_{CMC} 均降低。这主要是无机盐的加入部分破坏了水化膜，压缩了离子型表面活性剂的离子基团周围的扩散双电层，可屏蔽带电极性离子基团之间的静电斥力，使得表面层及胶束中表面活性剂分子排列更为紧密，胶束容易形成。由表 3-15~表 3-18 可看出，随着无机盐的加入，三聚、四聚表面活性剂溶液的 CMC 明显下降，γ_{CMC} 也随着盐浓度的加大而有所下降，但改变不大，从三聚、四聚表面活性剂分子结构分析，这可能是由于联接基较短导致可压缩空间较小。

3.3 从表界面物理化学性质方面研究抗温抗盐机理

表 3-19 和表 3-20 中列出了 TTSS（12-3-12）和 TTSS（12-4-12）的表面化学性

能，包括在不同温度和不同 NaCl 含量时的 CMC、γ_{CMC}、pC_{20}（降低表面张力的效率）、Γ_{max}、A_{min} 和 CMC/C_{20}（临界胶束浓度和表面张力降低至 20mN/m 时浓度的比值）等表面化学性质。

表 3-19　TTSS（12-3-12）的表面化学性能参数

$c_{\text{NaCl}}/$ (mol/L)	T/K	CMC/ (10^{-4}mol/L)	$\gamma_{\text{CMC}}/$ (mN/m)	$\Gamma_{\text{max}}\times10^{-6}/$ (mol/m^2)	$A_{\text{min}}/\text{nm}^2$	CMC/C_{20}	pC_{20}
	343	0.833	26.0	0.845	1.965	6.725	4.65
0.1	353	0.885	25.6	0.815	2.040	7.245	4.76
	363	0.964	25.3	0.784	2.119	8.271	4.88
	343	0.354	24.8	2.011	0.826	6.030	6.46
0.2	353	0.382	24.3	1.973	0.842	7.418	6.48
	363	0.404	24.0	1.792	0.927	7.405	6.58
	343	0.105	24.7	2.396	0.694	4.768	6.67
0.4	353	0.164	24.3	2.285	0.728	5.655	6.53
	363	0.195	23.8	2.181	0.761	6.123	6.52

表 3-20　TTSS（12-4-12）的表面化学性能参数

$c_{\text{NaCl}}/$ (mol/L)	T/K	CMC/ (10^{-4}mol/L)	$\gamma_{\text{CMC}}/$ (mN/m)	$\Gamma_{\text{max}}\times10^{-6}/$ (mol/m^2)	$A_{\text{min}}/\text{nm}^2$	CMC/C_{20}	pC_{20}
	343	1.253	25.8	0.926	1.794	5.526	4.13
0.1	353	1.385	25.5	0.815	2.038	7.133	4.18
	363	1.456	25.2	0.784	2.119	8.281	4.25
	343	1.058	24.7	2.011	0.826	6.237	4.72
0.2	353	0.982	24.4	1.973	0.842	7.425	4.78
	363	0.864	24.1	1.792	0.927	7.495	4.72
	343	0.615	24.4	2.396	0.693	4.852	5.92
0.4	353	0.558	23.6	2.285	0.727	5.788	6.04
	363	0.466	23.1	2.181	0.762	6.106	6.19

　　表面活性剂在水溶液表面吸附的过程是溶液表面最外层化学组成变化的过程，是以疏水性基团逐步代替分子间作用力极强的水分子的过程。因此，随着溶液浓度上升，表面活性剂在表面上的浓度逐渐变大，占据表面的疏水性基团逐步增加，所以水溶液表面张力随溶液浓度变大而逐步降低。随溶液浓度上升，表面活性剂在溶液表面的吸附量增加，当溶液表面最外层的化学组成不再随溶液浓度升高而改变时，溶液表面张力也就不再变化。表面活性剂降低表面张力的能力，取决于它在极限吸附时能以什么样的疏水基团来代替原来处于表面外层的水，以及能取代到何种程度。因此表面活性剂疏水基的化学组成，特别是它的末端基团的组成和它的最大吸附量是其降低表面张

力能力的决定性因素。单链离子型表面活性剂的离子由于存在同电荷相斥情况，在表面吸附层中不能排列得很紧密；其极限吸附量较小，相应的平均分子面积较大。低聚表面活性剂由于离子头基附近的联接基作用，致使离子头基静电斥力受到约束，在表面吸附层中排列得更加紧密，其极限吸附量增加，相应的平均分子面积减小。

由表 3-19 和表 3-20 可知在一定的无机盐浓度下，随着体系温度的上升，TTSS（12-3-12）和 TTSS（12-4-12）的溶液的 CMC 逐渐增大。温度升高削弱亲水基的水合作用，有利于胶束形成；但温度升高亦引起疏水基周围水的结构破坏，且不利于胶束形成，通常情况下温度对疏水基相互作用的影响在较高温度时起主要作用，所以 TTSS（12-3-12）和 TTSS（12-4-12）的 CMC 随温度上升呈增大趋势。同样，在一定的无机盐浓度下，随着体系温度的上升，TTSS（12-3-12）和 TTSS（12-4-12）的溶液表面极限吸附量减少，平均每个分子吸附面积增大，其主要原因除了极性基团之间的电性排斥外，分子热运动也会随温度上升而增强，促使其表面吸附量有所下降；同时，TTSS（12-3-12）和 TTSS（12-4-12）$-SO_3^-$ 离子中的氧原子在水溶液中与 H^+ 结合而发生质子化，降低了 TTSS（12-3-12）和 TTSS（12-4-12）的电负性，但温度升高时，这种质子化趋势减弱，TTSS（12-3-12）和 TTSS（12-4-12）的电负性增强，因而亲水头基之间的电性斥力增强，亦导致表面吸附量下降。在 343K 及 353K 时，无机盐浓度的增加对 TTSS（12-3-12）和 TTSS（12-4-12）有两方面的作用，一方面改变溶液的离子强度，从而改变表面活性离子的活度，表面吸附作为一种动态平衡性质，必然随吸附在表面活性剂的活度改变而改变；另一方面，增加反离子的浓度有利于反离子与表面活性离子结合，削弱了它们在吸附层中的电性排斥，使吸附分子排列更紧密，导致表面吸附量增加。所以，NaCl 浓度的变化在常温时对 TTSS（12-3-12）和 TTSS（12-4-12）溶液的表面吸附行为及胶束化行为没有异常影响。在实验温度下出现了无机盐浓度的增加使 TTSS（12-3-12）和 TTSS（12-4-12）的表面吸附出现下降的反常现象，其原因除了分子热运动增强及离子的质子化趋势减弱导致其表面吸附量下降外，温度/NaCl 复合作用也是一个主要因素。根据 Bjerrum 理论，当 NaCl 浓度增大时，温度升高，溶液中离子水化作用减弱，正负离子之间的距离缩短，Cl^- 电负性要大于 TTSS（12-3-12）和 TTSS（12-4-12）的离子头基，所以 Na^+ 与 Cl^- 相互间的静电吸引能力可以超过热运动能力，在溶液中形成多个比较稳定的离子缔合体，即离子对，这样相对减少了 TTSS（12-3-12）和 TTSS（12-4-12）离子的反离子数量，促使原来电负性大于普通阴离子表面活性剂的 TTSS（12-3-12）和 TTSS（12-4-12）的离子电负性及电性斥力均增强，导致表面吸附量下降。

3.4 从胶束热力学性质方面研究抗温抗盐机理

当表面活性剂溶液达到一定浓度时胶束形成，此时，在溶液中同时存在着单个表面活性剂分（离）子和胶束，它们之间存在着动态平衡。沿用的处理胶束形成的模型有两种：一种是相分离模型；另一种是质量作用模型。前者是把胶束看作准相，把胶束与单体的平衡看作相平衡；后者则把胶束看作化合物，把胶束与单体的平衡看作化学平衡。本书使用质量作用模型，将用热力学中相平衡的理论来处理体系胶束形成的过程。

$$NS^{i-} + (i/j)NK_0C^{j+} \Longleftrightarrow (S_NC_{(i/j)NK_0})^{Ni(1-K_0)^-} \tag{3-10}$$

式中，S^{i-} 和 C^{j+} 分别代表表面活性剂离子和它的反离子；N 为胶束聚集数；K_0 为胶束反离子结合度，如果忽略活度系数的影响，根据质量作用定律，其平衡常数可由式（3-11）给出：

$$K = \frac{[(S_NC_{(i/j)NK_0})^{Ni(1-K_0)^-}]}{[S^{i-}]^N[C^{j+}]^{(i/j)NK_0}} \tag{3-11}$$

由此得到胶束形成过程的 Gibbs 标准自由能变量 ΔG_m^0 为

$$\Delta G_m^0 = \frac{-RT\ln K}{N} = -RT\left\{\frac{\ln[(S_NC_{(i/j)NK_0})^{N(1-K_0)^-}]}{N} - \ln[S^{i-}] - (i/j)K_0\ln[C^{j+}]\right\} \tag{3-12}$$

当刚生成胶束（即表面活性剂溶液浓度接近 CMC 时），式中第一个中括符项所表示的胶束浓度很小，可以忽略，于是式（3-12）近似地表示为

$$\Delta G_m^0 = RT\ln[S^{i-}] + (i/j)RTK_0\ln[C^{j+}] \tag{3-13}$$

此时假设 $[S^{i-}] = (j/i)[C^{j+}] \approx CMC$，这样胶束形成的标准自由能变量可写为

$$\Delta G_m^0 = RT\{[1+(i/j)K_0]\ln CMC + (i/j)K_0\ln(i/j)\} \tag{3-14}$$

对于 TTSS（12-3-12）这种三亲水基阴离子表面活性剂，可以将其视为 3-1 型，即 $i/j=3$，则有

$$\Delta G_m^0 = (1+3K_0)RT\ln CMC + 3RTK_0\ln 3 \tag{3-15}$$

同理 TTSS（12-4-12）则有

$$\Delta G_m^0 = (1+4K_0)RT\ln CMC + 4RTK_0\ln 4 \tag{3-16}$$

式中，ΔG_m^0 为胶束化自由能变（kJ/mol）；T 为热力学温度（K）R=8.314J/（mol·K）；K_0 为反离子结合度，当加入过量无机盐时，K_0=1，当未加无机盐时，K_0 的值由电导法测出。

胶束形成过程的焓变可应用 Gibbs-Helmholtz 方程式：

$$\Delta H_m^0 = -T^2\partial\frac{(\Delta G_m^0/T)}{\partial T} \tag{3-17}$$

式中，ΔH_m^0 为胶束形成过程的焓变（kJ/mol）；ΔG_m^0 为胶束化自由能变（kJ/mol）；

T 为热力学温度（K）。

$$\Delta S_{\mathrm{m}}^{0}=\frac{1}{T}(\Delta H_{\mathrm{m}}^{0}-\Delta G_{\mathrm{m}}^{0}) \tag{3-18}$$

式中，$\Delta S_{\mathrm{m}}^{0}$ 为胶束形成过程的熵变 [kJ/（mol·K）]；$\Delta H_{\mathrm{m}}^{0}$ 为胶束形成过程的焓变（kJ/mol）；$\Delta G_{\mathrm{m}}^{0}$ 为胶束化自由能变（kJ/mol）；T 为热力学温度（K）。以 TTSS（12-3-12）和 TTSS（12-4-12）的表面活性剂为例分析。

（1）NaCl 对 TTSS（12-3-12）的表面化学性能参数的影响（表 3-21）

表 3-21　NaCl 对 TTSS（12-3-12）的表面化学性能参数的影响

$c_{\mathrm{NaCl}}/$ （mol/L）	T/K	CMC/ （10^{-4}mol/L）	$\Delta G_{\mathrm{m}}^{0}/$ （kJ/mol）	$\Delta H_{\mathrm{m}}^{0}/$ （kJ/mol）	$\Delta S_{\mathrm{m}}^{0}/$ （kJ/mol）	$-T\cdot\Delta S_{\mathrm{m}}^{0}/$ （kJ/mol）
0.1	343	0.833	−66.02	−25.40	0.1184	−40.61
	353	0.885	−62.63	−26.14	0.1034	−36.50
	363	0.964	−60.24	−27.69	0.0897	−32.56
0.2	343	0.354	−78.90	−28.01	0.1483	−50.89
	353	0.382	−76.75	−29.73	0.1331	−47.00
	363	0.404	−74.48	−30.94	0.1199	−43.54
0.4	343	0.105	−97.72	−31.86	0.1919	−65.85
	353	0.164	−94.35	−32.28	0.1758	−62.08
	363	0.195	−91.47	−33.17	0.1605	−58.29

（2）NaCl 对 TTSS（12-4-12）的表面化学性能参数的影响（表 3-22）

表 3-22　NaCl 对 TTSS（12-4-12）的表面化学性能参数的影响

$c_{\mathrm{NaCl}}/$ （mol/L）	T/K	CMC/ （10^{-4}mol/L）	$\Delta G_{\mathrm{m}}^{0}/$ （kJ/mol）	$\Delta H_{\mathrm{m}}^{0}/$ （kJ/mol）	$\Delta S_{\mathrm{m}}^{0}/$ （kJ/mol）	$-T\cdot\Delta S_{\mathrm{m}}^{0}/$ （kJ/mol）
0.1	343	1.253	−75.62	−26.55	0.1430	−49.07
	353	1.385	−72.42	−27.34	0.1277	−45.08
	363	1.456	−70.18	−28.67	0.1144	−41.53
0.2	343	1.058	−82.67	−29.11	0.1562	−53.58
	353	0.982	−80.15	−30.54	0.1405	−49.60
	363	0.864	−78.22	−31.34	0.1291	−46.88
0.4	343	0.615	−105.36	−32.75	0.2117	−72.61
	353	0.558	−97.14	−33.38	0.1805	−63.76
	363	0.466	−93.88	−34.26	0.1642	−59.62

（3）CaCl$_2$ 对 TTSS（12-3-12）的表面化学性能参数的影响（表 3-23）

表 3-23　CaCl$_2$ 对 TTSS（12-3-12）的表面化学性能参数的影响

c_{CaCl_2} / (mol/L)	T/K	CMC/ (10^{-4}mol/L)	ΔG_m^0 / (kJ/mol)	ΔH_m^0 / (kJ/mol)	ΔS_m^0 / (kJ/mol)	$-T \cdot \Delta S_m^0$ / (kJ/mol)
0.05	343	1.522	−42.53	−15.67	0.0783	−26.86
	353	1.616	−40.11	−16.89	0.0658	−23.22
	363	1.871	−38.29	−17.56	0.0571	−20.73
0.10	343	1.456	−49.55	−18.67	0.0900	−30.88
	353	1.332	−46.36	−19.73	0.0747	−26.63
	363	1.234	−44.21	−20.88	0.0642	−23.33
0.15	343	1.128	−57.58	−21.83	0.1041	−35.75
	353	1.284	−54.44	−22.43	0.0907	−32.01
	363	1.386	−51.37	−23.51	0.0767	−27.86

（4）CaCl$_2$ 对 TTSS（12-4-12）的表面化学性能参数的影响（表 3-24）

表 3-24　CaCl$_2$ 对 TTSS（12-4-12）的表面化学性能参数的影响

c_{CaCl_2} / (mol/L)	T/K	CMC/ (10^{-4}mol/L)	ΔG_m^0 / (kJ/mol)	ΔH_m^0 / (kJ/mol)	ΔS_m^0 / (kJ/mol)	$-T \cdot \Delta S_m^0$ / (kJ/mol)
0.1	343	2.451	−35.62	−16.55	0.0556	−19.07
	353	2.656	−32.45	−17.34	0.0428	−15.11
	363	2.734	−30.77	−18.67	0.0333	−12.10
0.2	343	2.344	−42.62	−19.11	0.0685	−23.51
	353	2.384	−40.34	−20.54	0.0561	−19.80
	363	2.456	−38.54	−21.34	0.0474	−17.20
0.4	343	2.177	−55.61	−22.37	0.0969	−33.24
	353	2.199	−53.41	−23.35	0.0851	−30.06
	363	2.232	−52.38	−24.22	0.0775	−28.16

表 3-21 至表 3-24 中 TTSS（12-3-12）和 TTSS（12-4-12）溶液的胶束化热力学函数表明，在所有实验温度下，ΔG_m^0 均为负值，说明体系胶束化过程是一个自发进行的热力学过程。ΔH_m 称为胶束生成热，它是胶束形成过程中的重要热力学参数，$\Delta H_m < 0$ 说明胶束形成过程为放热过程，这是形成胶束时单个表面活性剂分子先失去平动能量及碳氢键间色散力的相互作用所放的热超过"冰山结构"破坏所需的热。其值为负，且值越小表示表面活性剂分子在溶液中形成胶束的自发趋势越容

易。c_{NaCl}=0.20mol/L 表面活性剂溶液的 ΔH_m 较低，所以其 CMC 较小。活化熵（ΔS_m）反映了形成过渡态过程中无序性的变化，ΔS_m 均为正值，意味着表面活性剂分子形成胶束这一过程自发进行，熵值增加使分子趋向无序状态，那么表面活性剂分子聚集成胶束是如何导致分子混乱程度增加呢？在水溶液中，水分子会在表面活性剂分子周围形成有序区域，即所谓"冰山结构"，当表面活性剂分子形成胶束后，分子周围"冰山结构"被瓦解，体系分子混乱程度增加，使 ΔS_m 值变正。

从表 3-21 和表 3-22 中 NaCl 对 TTSS（12-3-12）和 TTSS（12-4-12）的表面化学性能参数的影响可知，随着温度的升高，ΔS_m 反而减小，这是由于当温度增高时，溶液中表面活性剂分子聚集成胶束的倾向减弱，形成"冰山结构"的趋势增强，促使正熵变的值越来越小。同时，ΔS_m 对 ΔG_m 的贡献是由 $-T\Delta S_m$ 决定的。$-T\Delta S_m$ 为较大的负值，而 ΔH_m 的数值的绝对值比相应的 $-T\cdot\Delta S_m$ 的绝对值要小一些，结果 ΔG_m 始终小于零，可见胶束形成过程自发进行。因此这个体系的胶束形成过程主要是熵驱动过程。

比较钠离子与钙离子对 TTSS（12-3-12）和 TTSS（12-4-12）的表面化学性能参数的影响可知，在相同温度和盐浓度下，在钙离子溶液中 ΔS_m 比在钠离子浓度中 ΔS_m 减小更多，其值更小，这是由于钙离子与表面活性剂分子中的醚氧键形成络合物，减小了表面活性剂分子的亲水性，即减小了表面活性剂的极性，同时钙离子与表面活性剂基团的磺酸盐作用，减弱了表面活性剂阴离子头基的静电排斥作用，因而聚集成胶束的倾向减弱，形成"冰山结构"的趋势增强，促使正熵变的值越来越小。表明钙离子溶液中熵驱动比在钠离子溶液中更强。

在相同温度相同盐浓度下，比较两种表面活性剂对钙离子的影响，发现 TTSS（12-4-12）比 TTSS（12-3-12）对钙离子的影响大，TTSS（12-4-12）使溶液 ΔS_m 减小更多，其值更小，这是由于钙离子与表面活性剂分子链中醚氧键形成络合物，减小了表面活性剂分子的亲水性，TTSS（12-4-12）上的醚氧键更多，使钙离子与表面活性作用后亲水能力比 TTSS（12-3-12）减小得更多。同时，钙离子与表面活性剂基团的磺酸盐作用，减弱了表面活性剂阴离子头基的静电排斥作用，因而聚集成胶束的倾向减弱，形成"冰山结构"的趋势增强，促使正熵变的值越来越小。可见在 TTSS（12-4-12）溶液中熵驱动比在 TTSS（12-3-12）溶液中更强。

3.5　小　　结

分析 TTSS（n-3-n）和 TTSS（n-4-n）系列表面活性剂的 pC_{20}、CMC/C_{20}、A_{min} 和 Γ_{max}。pC_{20}、CMC/C_{20} 和 A_{min} 比 SDS 大，其 Γ_{max} 比 SDS 小，比 SDS 具有更高的表面活性。

从反离子结合度和表面化学性质方面深入分析 TTSS（n-3-n）和 TTSS（n-4-n）

系列表面活性剂的抗温抗盐机理，结果表明当 NaCl 浓度增大时，温度升高，溶液中离子水化作用减弱，正负离子之间的距离缩短，电负性及电性斥力均增强，导致表面吸附量下降。又从胶束热力学性质方面深入分析 TTSS（n-3-n）和 TTSS（n-4-n）系列表面活性剂的抗温抗盐机理，结果表明在高温下，溶液中表面活性剂分子聚集成胶束的倾向减弱，形成"冰山结构"的趋势增强；认为高温情况下该体系的胶束形成过程主要是熵驱动过程。在相同温度和盐度下，TTSS（12-3-12）和 TTSS（12-4-12）在钙离子溶液中胶束形成的熵驱动比在钠离子溶液中更强，TTSS（12-4-12）表面活性剂溶液中胶束形成的熵驱动比在 TTSS（12-3-12）表面活性剂溶液中更强。

参 考 文 献

[1] Liu S B, Sang R C, Hong S, et al. A novel type of highly effection nonionic gemini alkyl o-glucoside surfactants: a versatile strategy of design[J]. Langmuir, 2013, 29（4）: 8511-8516.

[2] 周明, 陈欣, 乔欣, 等. 两性 Gemini 表面活性剂的合成研究进展[J]. 精细石油化工, 2015, 32（6）: 76-83.

[3] Tomokazu Y, Akiko O, Kunio E. Equilibrium and dynamic surface tension properties of partially fluorinated quaternary amonmnl salt gemini surfactants [J]. Langmuir, 2006, 22（2）: 4643-4648.

[4] 王泓棣, 马建中, 吕斌, 等. 不对称型磺基琥珀酸双酯盐双子表面活性剂的合成与性能[J]. 日用化学工业, 2015, 45（12）: 685-689.

[5] 董彬, 周陈秋, 刘亚飞, 等. 新型 Gemini 表面活性剂的合成及表面性能[J]. 上海大学学报（自然科学版）, 2015, 21（3）: 370-375.

[6] 周明, 赵金洲, 贺映兰. 高温下表面活性剂与钠离子钙离子的作用机理[J]. 西南石油大学学报, 2012, 34（2）: 149-155.

[7] 周明, 罗强, 杨燕, 等. 高温条件下钙离子对 SDBS 胶束溶液的影响[J]. 石油天然气学报, 2011, 33（11）: 134-138.

[8] 韩恒. 三联阴离子表面活性剂的合成及性能[D]. 无锡：江南大学硕士学位论文, 2008.

[9] Eimund G J, Clas S, Per-Erik H, et al. Branched ether surfactant and their use in an enhanced oil recovery process[P]. European Patent WO: 015289, 1991-10-17.

[10] Frederick C B, Verona N J. Washing Composition [P]. US: 2524218, 1950-10-03.

[11] Bunton C A, Robinson L. Catalysis of nucleophilic substitutions by micelles of dicationic detergent[J]. Journal of Organic Chemistry, 1971, 36（3）: 2346-235.

[12] Deinega Y, Marocheko L G, Rudi V P, et al. Kolloidn. Zh., 1974, 36, 649-653.

[13] Zhu Y P, Masuyama A, Kirito Y I, et al. Preparation and properties of double-or triple-chain surfactants with two sulphonate groups derived from N-acyldiethanolamines [J]. JAOCS, 1991, 68（7）: 539-543.

[14] Zhu Y P, Masuyama A, Okahara M. Preparation and surface active properties of amphipathic compounds with two sulfate groups and two lipophilic alkyl chains[J]. JAOCS, 1990, 67（4）: 459-463.

[15] Zhu Y P, Masuyama A, Negata T, et al. Preparation and properties of double-chain surfactants being two sulphonate groups[J]. Journal of Japanese Oil Chemists Society, 1991, 40（6）: 473-477.

[16] Okahara M, Masuyama A, Sumida Y, et al. Surface active properties of new types of amphipathic compounds with two hydrophilic ionic groups and two lipophilic alkyl chains[J]. Journal of Japanese Oil Chemists Society, 1988,

37 (9): 716-718.

[17] Menger F M, Littau C A. Gemini surfactants: A new class of self-assembling molecules [J]. JACS, 1993, 115 (22): 10083-10090.

[18] Rosen M. Predicting synergism in binary mixtures of surfactants[J]. Progress in Colloid and Polymer Science, 1994, (95): 39-47.

[19] Alami E, Beinert G, Zana R, et al. Alkanediyl-.alpha., .omega.-bis (dimethylalkyl-ammonium bromide) surfactants.3.Behavior at the air water interface[J]. Langmuir, 1993, 9 (6): 1465-1467.

[20] Hou Q. Generalized syntheses of periodic surfactant/inorganic composite materials[J]. Nature, 1994, (368): 317-321.

[21] Zana R, Levy H, Papoutsi D, et al. Micellization of two triquaternary ammonium surfactants in aqueous solution[J]. Langmuir, 1995, 11 (10): 3694-3698.

[22] Reiko O, Ivan H. Aggregation properties and mixing behavior of hydrocarbon, fluorocarbon, and hybrid hydrocarbon-fluorocarbon cationic dimeric surfactants[J]. Langmuir, 2000, 16 (25): 9759-9769.

[23] Menger F M, Migulin V. Synthesis and properties of multiarmed Geminis[J]. Journal of Organic Chemistry, 1999, 64 (24): 8916-8921.

[24] 赵国玺. 表面活性剂科学的一些进展[J]. 物理化学学报, 1997, 13 (5): 760-768.

[25] 赵剑曦. 新一代表面活性剂: Geminis[J]. 化学进展, 1999, 11 (4): 348-357.

[26] 陈功, 黄鹏程, 马云容, 等. 一种双子表面活性剂的合成[J]. 精细化工, 2001, 18 (8): 440-442.

[27] 苏瑜, 马德福, 薛仲华. 十二烷基二苯醚二磺酸钠的合成[J]. 精细化工, 2002, 19 (8): 443-445.

[28] 黄智, 李成海, 梁宇宁, 等. N, N'-双月桂酰基乙二胺二乙酸钠合成方法的改进[J]. 精细化工, 2002, 19 (11): 621-622.

[29] 李小芳. 磺酸系琥珀酸双子表面活性剂的合成及性能研究[D]. 长沙: 湖南师范大学硕士学位论文, 2006.

[30] Menger F M, Keiper J S. Gemini surfactants[J]. Angewandte Chemie International Edition, 2000, 39 (11): 1907-1920.

[31] Santanu B, Soma D. Vesicle formation from dimeric surfactants through ion-pairing. Adjustment of polar head group separation leads to control over vesicular thermotropic properties[J]. Journal of the Chemical Society Chemical Communications, 1995, (6): 651-652.

[32] Menger F M, Littau C A. Gemini surfactants: Synthesis and properties[J]. Journal of the American Chemical Society, 1991, 113 (4): 1451-1452.

[33] Peresypkin A V, Menger F M. Zwitterionic Geminis coacervate formation from a single organic compound[J]. Organic Letter, 1999, 1 (9): 1347.

[34] Renouf P, Mioshowski C, Lebeau L. Dimeric surfactants: First synthesis of an asymmetrical gemini compound[J]. Tetrahedron Letters, 1998, 39 (11): 1357-1360.

[35] Menger F M, Littau C A. Gemini surfactants: A new class of self-assembling molecules[J]. Journal of the American Chemical Society, 1993, 115 (22): 10083-10090.

[36] Duivenvoorde F L. Synthesis and properties of di-n-dodecyl α, ω-alkyl bisphosphate surfactants[J]. Langmuir, 1997, 13 (14): 3737-3743.

[37] Reiko O, Ivan H. Aggregation properties and mixing behavior of hydrocarbon, fluorocarbon, and hybrid hydrocarbon-fluorocarbon cationic dimeric surfactants[J]. Langmuir, 2000, 16 (25): 9759-9769.

[38] Menger F M, Keiper J S, Azov V. Gemini surfactants with acetylenic spacers[J]. Langmuir, 2000, 16 (5): 2062-2067.

[39] Zhu Y P, Masuyama A, Kirito Yoh-ichi, et al. Preparation and properties of glycerol-based double-or triple-chain surfactants with two hydrophilic ionic groups[J]. JAOCS, 1992, 69 (7): 626-632.

[40]　Soma De，Viand K A，Prem S G，et al. Novel gemini micelles from dimeric surfactants with oxyethylene spacer chain.small angle neutron scattering and fluorescence studies[J]. the Journal of Physical Chemistry B，1998，102（32）：6152-6160.

[41]　游毅，郑欧，邱羽，等. Gemini 阳离子表面活性剂的合成及胶束生成[J]. 物理化学学报，2001，17（1）：74-78.

[42]　Mariano J L C，Jose K，Alicia F C. Gemini surfactants from alkyl glucosides[J]. Tetrahedron Letters，1997，38（23）：3995-3998.

[43]　Gattmann A T. Sulfoalkylated imidazolmes[P]. US 3 244 724，1996.

[44]　Menger F M，Peresypkin A V. A combinatorially-derived structural phase diagram for 42 zwitterionic geminis[J]. Journal of the American Chemistry Society，2001，123（23）：5614-5615.

[45]　Blanzat M，Perez E，Rico-Latters I，et al. New catanionic glycolipids. 1. Synthesis，characterization，and biological activity of double-chain and gemini catanionic analogues of galactosylceramide[J]. Langmuir，1999，15（19）：6163-6169.

[46]　Alami E，Holmberg K，Eastoe J J. Adsorption properties of novel gemini surfactants with nonidentical head groups[J]. Journal of Colliod and Interface Science，2002，247（2）：447-455.

[47]　Th Dam. Gemini surfactants from alkyl glucosides[J]. Colloids and Surfaces A，1996，118：41-49.

[48]　魏巍. 双子表面活性剂的合成研究[D]. 杭州：浙江大学硕士学位论文，2006.

[49]　Michael D. Cationic amphitropic gemini surfactants with hydrophilic oligo（oxyeth-ylene）spacer chains[J]. Chemical Community，1998，13：1371-1372.

[50]　Masuyama A，Endo C，Takeda S. Ozone-cleavable gemini surfactants，a new candidate for an environmentally friendly surfactant[J]. Chemical Community，1998，18：2023-2026.

[51]　Zhu Y P，Masuyama A，Okahara M，et al. Preparation and surface-active properties of new amphipathic compounds with two phosphate groups and two long-chain alkyl groups[J]. JAOCS，1991，68（4）：268-271.

[52]　Rosen M J，et al. Normal and abnormal surface properties of gemini surfactants[C]. Proceeding of the 4th World Surfactants Congress，Barcelona，1996，2：416-423.

[53]　Song L D，Rosen M J. Surface properties，micellization and premicellar aggregation of Gemini surfactants with rigid and flexible spaces [J]. Langmuir，1996，12（5）：1149-1153.

[54]　Zhu Y P，Masuyama A，Okahara M，et al. Double-chain surfactants with two carboxylate groups and their relation to similar double-chain compounds[J]. Journal of Colloid and Interface Science，1993，158（1）：40-45.

[55]　李刚. 新型高效双子表面活性剂的合成及表面性质研究[D]. 郑州：郑州大学硕士学位论文，2005.

[56]　Rosen M J，Zhu Z H，Hua X Y，et al. Relationship of structure to properties of surfactants. 16. linear decyldiphenylether sulfonates[J]. JAOCS，1992，69（1）：30-33.

[57]　水玲玲，郑利强，赵剑曦，等. 双子表面活性剂体系的界面活性研究[J]. 精细化工，2001，18（2）：67-69.

[58]　Rosen M J. Gemini：A new generation of surfactants[J]. Chemistry Technology，1993，23（3）：30-33.

[59]　Rosen M J，Li F. The adsorption of gemini and conventional surfactants onto some soil solids and the removal of 2-Naphthol by the soil surfaces[J]. Journal of Colloid and Interface Science，2001，234（2）：418-424.

[60]　Li F，Rosen M J. Adsorption of gemini and conventional cationic surfactants onto montmorillonite and the removal of some pollutants by the clay[J]. Journal of Colliod and Interface Science，2000，224（2）：265-271.

[61]　Zana R，Levy H，Paportsi D，et al. Micellization of two triquaternary ammonium surfactants in aqueous solution[J]. Langmuir，1995，11（10）：3694-3698.

[62]　van der Voot P，Mathieu M，Mees F，et al. Synthesis of high-quality 8 and MCM-41 by means of the Gemini

Surfactant Method[J]. Journal of Physical Chemistry B, 1998, 102 (44): 8847-8851.

[63] Devinsky F, Lacko I, Mlynarcik D. Relationship between critical micelle concentrations and minimum inhibitory concentrations for some non-aromatic quaternary ammonium salts and amine oxides[J]. Tenside Det, 1985, 22 (1): 13-16.

[64] 王贻杰, 毛宁, 赵剑曦. 两种系列新型季铵盐 Gemini 表面活性剂的杀菌活性[J]. 集美大学学报（自然科学版）, 2004, 9 (2): 100-104.

[65] Blyakhman E M. Formation mechanism for glycidyl ethers of glycols[J]. Zhurnal Organicheskoi Khimii, 1967, 3 (8): 1423-1430.

[66] 惠新平, 张林梅, 张自义. 相转移催化在杂环化学中的应用[J]. 有机化学, 1999, (5): 457-467.

[67] Mekenna J M, Wu T K, Pruekmayr G. Macrocyclic tetrahydrofuran oligomers[J]. Macromolecules, 1977, 10(4): 877-879.

[68] 邝生鲁. 现代精细化工——高新技术与产品合成工艺[M]. 北京: 科学技术文献出版社, 1997: 52.

[69] 杜巧云, 葛虹. 表面活性剂基础及应用[M]. 北京: 中国石化出版社, 1996: 89-123.

[70] 梁平辉. 脂肪族缩水甘油醚的合成与应用[J]. 热固性树脂, 1995, (4): 15-21.

[71] 苟小莉, 刘祥萱. 差示扫描量热法在双子表面活性剂合成中的应用[J]. 新技术新工艺·热加工工艺技术与材料研究, 2008, (5): 102-104.

[72] Eastoe J, Rogueda P, Harrison B. Properties of a dichained "sugar surfactant"[J]. Langmuir, 1994, 10 (12): 4429-443.

[73] 李干佐, 陈文君, 顾强, 等. 双子表面活性剂 Dynol-604 溶液的动态表面张力研究[J]. 高等学校化学学报, 2002, 11 (20): 2117-2120.

[74] Boucher E A, Grinchuk T M, Zettlemoyer A C. Surface activity of sodium salts of alpha-sulfo fatty esters: the air-water interface [J]. JAOCS, 1968, 45 (1): 49-52.

[75] Dahanayake M D, Coben A W, Rosen M J. Relationship of structure to properties of surfactants.13.Surface and thermodynamic properties of some oxyethylenated sulfates and sulfonates[J]. Journal of Physical Chemistry, 1986, 90 (11): 2413-2418.

[76] 赵国玺, 朱步瑶. 表面活性剂作用原理[M]. 北京: 中国轻工业出版社, 2003: 704-718.

[77] Peltonen L, Hirvonen J, Yliruusi J. The behavior of sorbitan surfactants at the water-oil interface: Straight-chained hydrocarbons from pentane to dodecane as an oil phase[J]. Jourual of Colloid and Interface Science, 2001, 240 (1): 272-276.

[78] 王钟鸣, 刘代俊. 非离子表面活性剂 BS-FJ 在硼酸溶液中胶束化热力学性质研究[J]. 成都科技大学学报, 1994, 80 (6): 7-12.

[79] 黄斌, 史济斌, 王晶, 等. 阳离子型 Gemini 表面活性剂胶束体系的热力学性质[J]. 华东理工大学学报, 2007, 33 (1): 65-70.

[80] Ao M Q, Huang P P, Xu G Y, et al. Aggregation and thermodynamic properties of ionic liquid-type gemini imidazolium surfactants with different spacer length[J]. Colloid and Polymer Science, 2009, 287 (4): 395-402.

[81] Bai G Y, Yan H K, Thomas R K. Microcalorimetric studies on the thermodynamic properties of cationic gemini surfactants[J]. Langmuir, 2001, 17 (15): 4501-4504.

[82] 王玮, 张辉, 裘灵光. Gemini 表面活性剂醇体系胶束形成热力学性质研究[J]. 安徽大学学报, 2010, 34 (5): 69-73.

[83] Rathman J F, Scamehorn J F. Counterion binding on mixed micelles[J]. Journal of Physical Chemistry, 1984, 88 (24): 5807-5816.

[84] Sugihara G, Nakamura A A, Nakashima T H. An electroconductivity study on degree of counterion binding or dissociation of a-sulfonatomyristic acid methyl ester micelles in water as a function of temperature [J]. Colloid and

Polymer Science，1997，275（8）：790-796.

[85]　Huguette F，Nicole K，Ali K，et al. Self-diffusion and NMR studies of chloride and bromide ion binding in aqueous hexadecyltrimethylammonium salt solutions[J]. Journal of Physical Chemistry，1980，84（25）：3428-3433.

[86]　Kamenka N，Chorro M，Chevalier Y，et al. Aqueous solutions of zwitterionic surfactants with varying carbon number of the intercharge group. 2. Ion binding by the micelles[J]. Langmuir，1995，11（11）：4234-4240.

[87]　朱德民，赵国玺. 离子选择电极法测定胶团的反离子结合度[J]. 高等学校化学学报，1990，11（7）：774-776.

[88]　严鹏权，郭荣，沈明，等. CTMAB胶束体系中反离子缔合度的测定[J]. 物理化学学报，1994，10（2）：175-178.

[89]　Minero C，Pelizzetti E. The generalized pseudophase model：Treatment of multiple equilibria in micellar solutions[J]. Pure & Applied Chemistry，1993，65（12）：2573-2582.

[90]　Scamehorn J F，Schechter R S，Wade W H J. Micelle formation in mixtures of anionic an nonionic surfactants[J]. Journal of Dispersion Science and Technology，1982，3（3）：261-268.

[91]　Koehler S A，Hilgenfeldt S，Stone H A. Foam drainage on the microscale I. Modeling flow through single plateau borders[J]. Journal of Colloid and Interface Science，2004，276（2）：420-438.

第4章　驱体系筛选及性能研究

4.1　表面活性剂驱

随着三次采油技术的发展，对驱油用表面活性剂的要求越来越高，不仅要求它具有较低的油水界面张力和低吸附值，而且要求它与油藏流体配伍性好及成本低廉。因此，三次采油用表面活性剂的研究趋势主要集中在高表面活性、高稳定性、耐温抗盐、黏度高、低吸附损耗、低成本等几方面。在目前的技术水平下，对驱油用表面活性剂的应用主要提出了以下要求：

1）在油水界面上的表面活性高，使油水界面张力降至 $10^{-2} \sim 10^{-3}$ mN/m 及以下，具有适宜的溶解度、浊点和 pH，降低岩层对原油的吸附性。

2）在岩石表面上的被吸附量要小。

3）在地层介质中扩散速度较大。

4）低浓度水溶液的驱油能力较强。

5）能够阻止其他化学剂副反应的发生。

6）应具有抗地层高温、耐高盐度的能力。

7）驱油用表面活性剂应考虑到它与地层矿物组分、地层注入水成分、地层温度以及油藏的枯竭程度等相互关系。

8）成本较低。

目前应用较为广泛的石油磺酸盐类、木质素磺酸盐类表面活性剂就是成本相对较低的一类表面活性剂。

实际注表面活性剂驱油时，应该综合考虑地层矿物组分、地层水、地层温度、注入水、油藏枯竭程度以及成本等各方面的因素，选择合适的表面活性剂类型。对于一种表面活性剂来说，其临界胶束浓度越低，则在应用时所需要加入的量越少，成本也越低。对于驱油来说，油水界面张力是一个非常重要的因素，油水界面张力越低，表面活性剂的驱油效果越好。因此，表面活性剂作为驱油剂主要从其降低油水界面张力方面考虑。

需要特别说明的是，在 4.1 节中，表面活性剂驱以 TTSS（n-3-n）表面活性剂为例进行相关研究。

4.1.1　材料与实验装置

1. 主要药品

采用 5 种 1，2，3-三（2-氧丙撑磺酸钠-3-烷基醚-丙烷基）丙三醇醚三聚磺酸盐表面活性剂 TTSS（n-3-n）（n=8、10、12、14 和 16）进行研究。

根据相关文献合成了 NPSO[壬基酚聚氧乙烯醚磺酸钠，EO=10]，其分子结构为 C_9H_{19}—C_6H_5—$(OCH_2CH_2)_{10}SO_3Na$。

2. 地层盐水，渗透率和油样

地层盐水样品来自于中国西部某油田 T402 油区，基本的物性参数、温度和渗透率列在表 4-1 中，由表中可见该油藏属于高温高盐油藏。

表 4-1　中国西部某油田 T402 油区温度、地层水的组成及总矿化度 TDS

参数	浓度/（mg·L^{-1}）	参数	浓度/（mg·L^{-1}）
K$^+$和 Na$^+$	35730	Cl$^-$	69060
Mg^{2+}	679	SO$_4^{2-}$	250.2
Ca^{2+}	6390	HCO$_3^-$	99.6
温度/℃	110	TDS	112208.8

T402 油区原油样品的性能和基本组成列在表 4-2 中。原油性质好，具有"四低两中"的特点，"四低"是指黏度低、凝点低、含硫低和含蜡低；"两中"指原油比重中等、胶质含量中等，沥青质较低。原油的密度、黏度和凝点低，且组成中石蜡、胶质和沥青质含量相对较少，都有利于表面活性剂驱油。

表 4-2　中国西部某油田 T402 油区的原油性质及组成

原油性质	参数	组成	数值质量分数/%
20℃密度/（kg·cm^{-3}）	831.2	蜡	3.18
20℃黏度/（mPa·s）	6.23	胶质	8.67
凝点/℃	−3	沥青质	4.77
总酸值/（mg KOH·g^{-1}）	0.2	硫	0.23

3. 实验装置

（1）界面张力仪

界面张力 4EEA 采用上海中晨数字技术设备有限公司生产的 JJ2000B 超低

旋滴界面张力仪，如图 4-1 所示。电脑可以记录所有实验参数。

图 4-1　JJ2000B 超低旋滴界面张力仪

（2）岩心驱替实验装置

岩心驱替实验装置（图 4-2）由 DOZ-II 岩心驱替实验装置、2PB00C 岩心驱替恒速泵和岩心驱替压力装置组成。电脑可以控制所有实验过程参数。

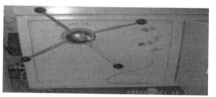

岩心驱替压力装置

DOZ-II 岩心驱替实验装置　　　　2PB00C　岩心驱替恒速泵

图 4-2　岩心驱替实验装置

另外还有如下相关的实验仪器。

1）泵：ISCO 260D Syringe pump，无脉冲高速高压微量泵，最高注入压力 50MPa，单泵最小排量 0.01mL/min，单泵最大排量 107mL/min，美国；HDS-101 型高压手动计量泵，江苏海安华达石油仪器有限公司。

2）中间容器：带活塞中间容器 3 个，最大容量 3000mL，最大工作压力 16MPa，江苏海安石油科研仪器厂。

3）高温恒温箱：SG83-1 型双联自控恒温箱，江苏海安石油科研仪器厂。

4）压力传感器：压力传感器 3 个；0.0001～14MPa。

5）压力表：上海自动化仪表四厂。

6）岩心夹持器：江苏海安华达石油仪器有限公司。

7）搅拌器：IKA RW20 digital，美国。

4.1.2　实验方法

1. 溶液制备

将表面活性剂 TTSS（n-3-n）和 NPSO 溶解在蒸馏水或地层水中，配成浓度为 5000mg/L 的原溶液。将原溶液与地层水混合制得所需浓度的表面活性剂稀溶液。在岩心驱替实验中，总的表面活性剂浓度为 2000mg/L。

2. 油水界面张力的测定

在一定温度下，用 JJ2000B 旋转液滴张力仪（上海中晨数字技术设备有限公司生产）测溶液和原油之间的油水界面张力，持续 30min。该仪器可通过图像传感器和图像采集软件自动记录界面张力。

3. 盐度和温度稳定性

T4 地层水矿化度 TDS 为 112228.8mg/L。把表面活性剂溶液放在不同温度烘箱中，每隔 20 天测一次溶液的界面张力。

4. 静态吸附

通 15min 氮气后，将 10g 洁净干燥的石英砂和 50g 表面活性剂溶液混合后，置入带塞的磨口三口烧瓶。将密闭的三口瓶放入 110℃恒温水浴振荡器中振荡 24h。将瓶中的上层溶液倒入 2000r/min 的离心机离心分离 30min，把砂子分离出来。然后又将上层清液加入瓶中吸附新鲜的石英砂，重复实验 5 次。测试每次分离的上层清液的界面张力。

5. 层析分离

将粒径为 60～100 目的砂子填满 100cm（管子的长度）的管子，在高于 10MPa 压力条件下压缩，测量砂子的干重和粒径。然后以 1.0mL/min 的恒定流速将地层水注入管子中，直到压力恒定。地层水的渗透率可通过达西定律计算。随着表面活性剂溶液的连续注入，每 5mL 收集一次出口溶液（孔隙体积约为 0.15），分析每种成分的浓度。用阳离子表面活性剂溴化十六烷基三甲铵和百里酚蓝作指示剂，采用两相滴定法测 TTSS（n-3-n）的浓度。采用碘-淀粉比色法分析 NPSO 浓度。

用出口溶液浓度与进口溶液浓度的比值计算标准化浓度。

6. 流动实验

采用现场采取的真实岩心,实验按如下程序进行。

对建立水驱油藏模型后的岩心注入表面活性剂段塞,而后进行注水驱油实验,以确定其驱油效率。

(1)实验流体的准备

T402 油区地层水配制表面活性剂复配体系,并测定在实验用表面活性剂浓度条件下的油/水界面张力。

(2)岩心流动实验步骤

1)岩心安装。将饱和地层水的岩心放入岩心夹持器中装好,并加围压,检查系统的密封性,若密封性良好,则继续进行实验。

2)饱和油,建立原始含油饱和度。通过中间容器向岩心注入原油,直至原油段塞全部注入。

3)水驱原油至经济极限(含水率稳定到 98%),建立水驱油藏模型,并计算水驱采收率。

4)注入优化的驱替液 2000mg/L [1000mg/L TTSS(12-3-12)+1000mg/L NPSO]驱油,驱替液段塞全部注入后,后续水驱至经济极限,计算驱油体系采收率。

岩心驱油实验流程如图 4-3 所示。

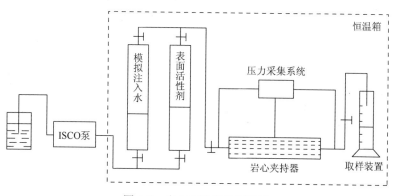

图 4-3　岩心驱油实验流程图

4.1.3 TTSS(*n*-3-*n*)的耐温性研究

在油藏矿化度条件下,将 TTSS(*n*-3-*n*)和 TTSS(*n*-4-*n*)表面活性剂在不同温度下放置 24h 后,测定各表面活性剂溶液的界面张力,如表 4-3 所示。

表 4-3　表面活性剂在不同温度下放置 24h 后的界面张力

表面活性剂	界面张力/（×10⁻³mN/m）				
	25℃	90℃	100℃	110℃	120℃
TTSS（8-3-8）	6.78	7.52	8.58	9.55	11.4
TTSS（10-3-10）	6.52	7.11	8.33	9.21	10.50
TTSS（12-3-12）	3.11	4.23	4.89	5.45	7.65
TTSS（14-3-14）	5.37	5.88	6.33	5.78	6.67
TTSS（16-3-16）	12.30	10.20	8.35	9.66	10.50

注：所有的表面活性剂浓度为 1000mg/L，所有样品均没有产生沉淀和悬浮物。

从表 4-3 可以看出，该类三聚磺酸盐表面活性剂在 25～120℃高温条件下界面张力均在 10^{-3}mN/m 数量级，且所有样品在实验过程中没有沉淀和悬浮物产生，表现出了良好的短期抗温性。

表面活性剂的稳定性是高温高盐油藏采用表面活性剂驱需要重点关注的问题。在保证表面活性剂在高温高盐地层水中有较好的长期溶解性的同时，还需要它能显著持续降低油水界面张力。

采用的表面活性剂是三聚磺酸盐表面活性剂 TTSS（n-3-n）。采用的实验温度、某油田地层水组成及总矿化度 TDS 如表 4-1 所示。即实验所需的地层温度是 110℃，总矿化度 TDS 是 112228.8mg/L，放置 24h 测量界面张力 IFT，如图 4-4 所示。

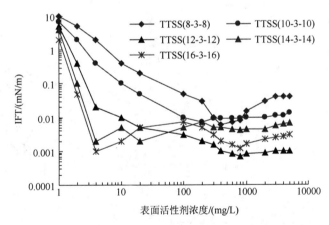

图 4-4　界面张力 IFT 随不同烷基链长度的三聚表面活性剂浓度的变化
（温度 110℃放置 24h）

从图 4-4 可知，5 种表面活性剂的界面张力均能在某些浓度下达到 10^{-2}mN/m，甚至低至 10^{-3}mN/m，表现出很好的降低界面张力的能力。其中，以 TTSS（12-3-12）界面张力降低至最低，且浓度范围较宽，因而选择 TTSS（12-3-12）做后续实验。

4.1.4 表面活性剂体系优化

TTSS（12-3-12）三聚磺酸盐表面活性剂与壬基酚聚氧乙烯醚磺酸钠（NPSO）的复配如图 4-5 所示。壬基酚聚氧乙烯醚磺酸钠的结构式为 C_9H_{19}—C_6H_5—O—(CH_2—CH_2—O)$_{10}SO_3Na$。复配后，界面张力进一步降低，超低界面张力区域的表面活性剂浓度变宽，性能变得更好。分析原因如下：NPSO 具有较低的表面张力、优异的润湿性，尤以耐钙稳定性最为突出。这是由于磺酸基的引入极大地改善了分子的亲水性，降低了 Gibbs 吸附自由能，同时聚氧乙烯链与磺酸基使整个分子在形成胶束时，自发地形成了一个"负电空穴集团"，将钙离子有效地包裹在内胶束界面层被溶剂化的偶极区内，而胶束界面又能维持必要的负电性，避免了胶束结构的"倒转"以形成所谓的"钙皂"沉淀。此外，NPSO 具有很好的抗高温性能，温度达到 300℃以上才发生分解。NPSO 是一种性能优良的复合型表面活性剂，而 TTSS 表面活性剂是一种低 CMC 和低表面张力的耐温耐盐型表面活性剂，二者复配尤其适合高温高矿化度油藏开采使用。

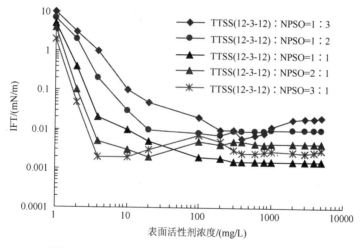

图 4-5 IFT 随三聚表面活性剂驱油体系浓度的变化

从图 4-5 可得出 TTSS（12-3-12）三聚磺酸盐表面活性剂与壬基酚聚氧乙烯醚磺酸钠（NPSO）的最佳复配比为 1:1，即为 1000mg/L TTSS（12-3-12）+1000mg/L NPSO 组成。

4.1.5 表面活性剂的复配性能研究

模拟高温高盐条件下与其他表面活性剂复配性能研究。分别与壬基酚聚氧乙烯醚磺酸钠复配，从溶液状态、油水界面张力、润湿性变化、吸附状态、乳化性等方面进行研究。发挥不同类型表面活性剂的协同效应，提高体系界面活性，既能达到驱油的要求，又能降低使用成本。

1. 吸附性质

有报道认为岩石的吸附损失是影响驱油效率和成本的关键因素。因而，表面活性剂驱必须测定吸附损失对界面张力的影响，一个简单的方法是测定表面活性剂在石英砂上多次吸附后界面张力的变化情况，如图 4-6 所示，在吸附 5 次后，阴离子表面活性剂三聚磺酸盐 TTSS（12-3-12）和阴离子-非离子表面活性剂 NPSO 在石英砂上有很少的吸附量，这应归功于石英表面带负电荷。因此，在多次吸附石英砂后该表面活性剂驱油体系的界面张力还能保持在超低界面张力值。

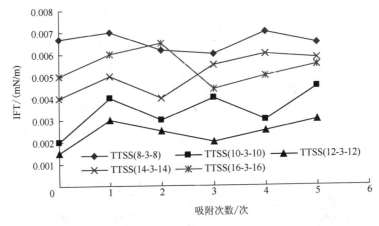

图 4-6　界面张力 IFT 随表面活性剂吸附时间的变化情况

（$c_{\text{TTSS}(n\text{-}3\text{-}n)}$=1000mg/L，$c_{\text{NPSO}}$=1000mg/L，110℃）

2. 老化稳定性

依据注入速率、地层渗透率和井间距的不同，表面活性剂驱油体系经常在地层中保存几个月到几年。溶解的氧和金属离子，以及高温促进表面活性剂的降解。因而，老化稳定性是一个非常重要的油田应用指标。实验研究了表面活性剂驱油体系 120 天的老化稳定性。如图 4-7 所示，在油藏条件下，IFT 变化非常小，均在 10^{-2}mN/m 与 10^{-3}mN/m 之间变化，且体系没有呈现出相分离现象。从图 4-7 中可以看出表面活性剂驱油体系在驱替的时间段里能保持良好的稳定性。

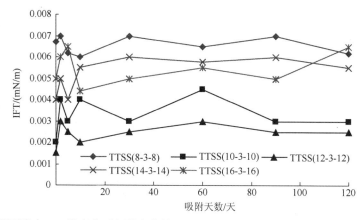

图 4-7　界面张力 IFT 随老化时间的变化情况（$c_{\mathrm{TSS}(n\text{-}3\text{-}n)}$=1000mg/L，$c_{\mathrm{NPSO}}$=1000mg/L）

3. 色谱分离

表面活性剂驱油体系在地层下运移，地层岩石对各种表面活性剂吸附能力的差异，导致在某一位置上有的表面活性剂的浓度下降快，有的下降慢，这样就可能达不到二者协同作用的浓度范围，引起界面张力增加，达不到使用要求。驱替的岩心参数如表 4-4 所示，以 TTSS（12-3-12）：NSPO=1：1 为代表，采用滴定法测定驱替过程中两种表面活性剂的浓度。

表 4-4　T402 区块 1#岩心物性参数

岩心号	长 /cm	直径 /cm	岩心干重/g	孔隙度 /%	渗透率 /mD	孔隙体积 /cm³
1#	9.25	2.53	107.82	18.5	286	6.98

从图 4-8 可知，开始注入时，溶液中表面活性剂浓度低，吸附量较大；随着注入的 PV 的增加，溶液中两种表面活性剂的浓度增加，达到最大值平衡一段时间后，又开始降低。两种表面活性剂变化规律相似，色谱分离弱，有较好的复配性能。

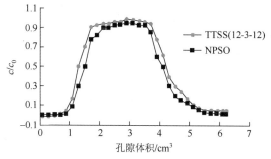

图 4-8　TTSS（12-3-12）和 NPSO 的 c/c_0 随 PV 的变化情况[K_w=0.286μm²，$c_{\mathrm{TTSS}(12\text{-}3\text{-}12)}$=1000mg/L，

c_{NPSO}=1000mg/L，110℃，T401 地层水和原油]

4. 驱油效率

在岩心驱替实验中，原油和地层水的黏度分别是 0.62mPa·s 和 1.02mPa·s。岩心采用均质岩心，驱替是稳定的，不发生黏性指进和绕流，因而水驱效率相对高，残余油相对较低。采用 T402 区块的 2#～5#岩心，其物性参数如表 4-5 所示。采用的驱油体系是 1000mg/L $c_{TTSS(12-3-12)}$ +1000mg/L c_{NPSO}。

表 4-5　T402 区块的 2#～5#岩心物性参数

岩心号	长/cm	直径/cm	岩心质量/g	孔隙度/%	孔隙体积/cm³
2#	9.52	2.53	106.68	14.90	6.98
3#	9.17	2.53	99.94	17.06	7.76
4#	9.11	2.54	97.27	18.70	8.35
5#	6.96	2.53	74.23	17.80	6.08

该实验采用与传统表面活性剂驱油相同的实验方案，实验结果如表 4-6 所示。

表 4-6　驱替实验的基本参数和实验结果

岩心号	K_w/（×$10^{-3}μm^2$）	含油饱和度/%	注入速率/（mL/min）	注入体积/（PV）	水驱效率/%	表面活性剂驱油效率/%
2#	78.3	65.5	0.02	0.30	42.8	5.30
3#	152.8	60.4	0.02	0.50	36.9	10.4
4#	278.3	62.1	0.08	0.50	39.2	17.6
5#	491.6	55.9	0.08	0.50	67.6	5.90
平均值	250.3	61.0	0.05	0.45	46.6	9.80

1）在水驱含水率达到 98%时，采用表面活性剂驱平均提高采收率 9.8%。

2）当岩心渗透率增加得非常大或变得非常小时，表面活性剂驱油效率下降。

3）新的研究表明，使用 NSPO 表面活性剂可以减小岩石对主表面活性剂 TTSS（12-3-12）的吸附，有利于主剂发挥更大的作用。

4）使用该表面活性剂驱，虽然 TTSS（12-3-12）表面活性剂成本高，但其未使用碱且导致采出水处理成本减少，两者相抵，并没有增加驱替液的成本。

表面活性剂驱驱替实验表明该复配体系在高温高盐高钙镁离子油藏的三次采油驱油剂中平均驱油效率可达 9.8%左右，在化学驱中具有极好的应用前景。形成自主知识产权的研究成果使高温高盐油藏驱油用表面活性剂的研究及应用取得突破性进展，为后期驱油表面活性剂现场应用提供理论基础。这在国民经济和社会发展中具有重大的科学意义和现实的经济意义。

4.2　三相泡沫驱

随着油田的不断开采和新探明储量的减少，如何继续开采占地下原始储量60%以上、用常规方法开采不出来的原油，提高原油采收率，已成为世界各国普遍关注的问题。

原油采收率机理与波及效率和洗油效率有关，原油采收率为波及效率与洗油效率的乘积。因此，提高采收率主要有两个途径，一是提高波及系数，主要是通过加入聚合物来减少驱替液的流度而达到；二是提高洗油效率，主要方法是改变岩石表面的润湿性和减少毛细管现象的不利影响，或降低油水界面张力，降低毛细管阻力。一般利用表面活性剂。在提高采收率的方法中最有发展前途的三次采油方法之一是泡沫驱，泡沫驱既能显著地提高波及系数，又能提高洗油效率。在近年，大庆油田和百色油田开展了泡沫驱先导性矿场实验，取得了初步效果。

二相泡沫只含有液相和气相，三相泡沫除了液相和气相还有固相。它具有密度低（$1.6\sim1.8\text{g/cm}^3$）、黏度高、起泡速度快、膨胀率大等特点。实验表明三相泡沫的半衰期为两相泡沫半衰期的 $12.5\sim31.7$ 倍。这主要是由于固体粉末附着在气液界面上，成为气泡相互合并的障碍，增加了液膜中流体流动阻力，使稳定性显著提高。前人所用的固相主要是颗粒较大的固体粉末如膨润土、碳酸盐粉末等，粒径在微米级别范围内，而采用纳米级的固体颗粒作为固相几乎未见报道。

本章主要针对西部某油田在高温高盐油藏条件下以纳米聚合物微球作为固相，以高矿化度地层水为液相，以氮气为气相，制备了三相泡沫，并对其进行了一系列配方筛选、表界面性能和驱油性能评价，研究了泡沫驱油机理和泡沫在多介质中的运移情况。首先，采用反相微乳液聚合方法制备了稳定均一的平均粒径在 60nm 的乳胶粒子。

4.2.1　纳米聚合物微球制备

1. 实验药品

丙烯酰胺（AM，工业品，纯度98%）；甲基丙烯酰氧乙基三甲基氯化铵（DMC，78%水溶液）；N,N-亚甲基双丙烯酰胺（MBA，化学纯，成都市科龙化工试剂厂）；液体石蜡（化学纯，成都市科龙化工试剂厂）；环己烷（化学纯，成都市科龙化工试剂厂）；乙二胺四乙酸（EDTA，分析纯，成都市科龙化工试剂厂）；Span80（化学纯，成都市科龙化工试剂厂）；Tween80（化学纯，成都市科龙化工试剂厂）；OP-10（化学纯，成都市科龙化工试剂厂）；过硫酸钾（KPS，分析纯，中国埃彼化学试剂公司）；无水乙醇（化学纯，成都市科龙化工试剂厂）；丙酮（化学纯，成都市科龙化工试剂厂）。

2. P（DMC-AM）反相乳液聚合

在加入醇这类助乳化剂的条件下，250mL 烧杯中加入环己烷、乳化剂 Span80（油酸失水山梨醇酯）和 OP-10（壬基酚聚氧化乙烯醚），搅拌混匀后倒入 250mL 三口瓶中，三口瓶置于电热水浴恒温锅搅拌回流，升温至 30℃，匀速搅拌 30min 使油相稳定。在 250mL 烧杯中，加入一定量单体 AM、DMC［n（AM）：n（DMC）=9］、交联剂 MBA 及蒸馏水，搅拌溶解后加入适量 EDTA，并加入一定量的氯化钠，制成水相；将水相滴加入三口瓶油相中，升至反应温度 40℃，待乳液稳定后通过恒压滴液漏斗缓慢同时分别滴加以 KPS（$K_2S_2O_8$）为主的氧化还原体系水溶液引发剂。滴加完后，保持同一温度继续聚合 4h，冷却至 25℃出料，可以制得平均粒径为 60nm 的微乳液乳胶粒子。将交联共聚物微乳液乳胶粒子用过量无水乙醇和丙酮清洗、抽滤 2～3 次，然后置于烘箱中 60℃下恒温干燥 24h 得固体微乳液乳胶粒子。

3. 红外光谱

由图 4-9 可知：在 3435.94cm^{-1} 处出现了—NH$_2$ 基团的伸缩性振动特征吸收峰，由于此聚合物有强烈的吸水性，聚合物含少量的结合水，故在大于 3000cm^{-1} 处出现了—OH 的伸缩振动宽峰，即出现了双峰的重叠。在 2950.69cm^{-1} 处的吸收峰为甲基和亚甲基的伸缩振动吸收峰，3193cm^{-1} 处为—N$^+$（CH$_3$）$_3$ 上甲基的特征吸收峰，1731.34cm^{-1} 是链酯结构—COO—中 C＝O 的伸缩振动，1669.12cm^{-1} 处为酰胺羰基的特征吸收峰，1453.46cm^{-1} 处为—CH$_2$—N$^+$（CH$_3$）$_3$ 亚甲基的弯曲振动吸收峰。从图 4-9 可以看出两种单体的特征吸收峰均已出现，说明制得的为 DMC 与 AM 的共聚物纳米微球。

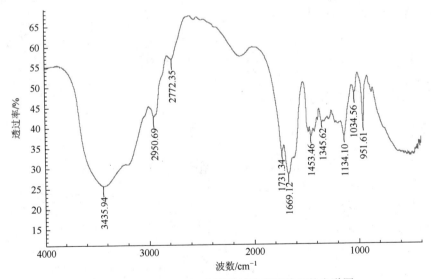

图 4-9　P（DMC-AM）共聚物纳米微球的红外光谱图

4. TG 分析

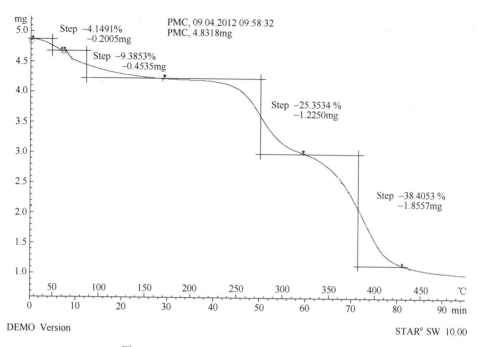

图 4-10　P（DMC-AM）共聚物的热重分析图

图 3-4 中所示为纳米微球 P（DMC-AM）在高纯 N_2 流中测定的共聚物热重变化曲线。在加热过程中，它的热分解过程有四个失重阶段。第一个失重阶段起始温度至 70℃是自由水的蒸发，失重率为 4.15%。第二个失重阶段是从 70℃至 170℃，曲线的下降趋势缓慢，失重率为 9.39%，这是试样中原含有的束缚水和结晶水的一步步逐渐流失掉的结果；第三个失重阶段是 170～320℃，曲线出现了快速的下降，失重率为 25.35%，这是共聚物中的侧基开始发生断链和脱出反应所致；320～450℃为第四个失重阶段，这个是共聚物主链分解的阶段。在 450℃之后共聚物试样质量趋于保持不变，基本上不再失重，分解和碳化基本完成，失重率为 38.41%。最后残留物是分解产物和碳化产物。纳米微球 P（DMC-AM）热米微球 P（DMC-AM）干粉（未水分散）在 170℃以下的热稳定性较好。

5. SEM 分析

从图 4-11 可知纳米聚合物 P（DMC-AM）微球粒子的微观形貌，其大小均一、圆球度好，圆球表面光滑，平均粒径约 60nm。

图 4-11　P（DMC-AM）固体干颗粒形貌（SEM）

6. 在矿化度地层水中的粒度分析

从图 4-12 可知，在高矿化度地层水中，颗粒粒径大小增加，从原来干颗粒的平均粒径约 60nm 增大到约 180nm，粒径增加了近三倍。这主要因为微球是交联度较高含有吸水基团的共聚物，在高矿化度的盐水中略有增大，与弱交联的高吸水树脂颗粒相比，其吸水倍率有所下降。

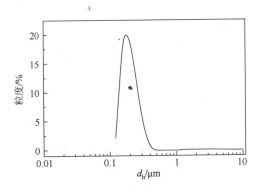

图 4-12　在矿化度地层水中颗粒粒度

4.2.2　三相泡沫体系筛选

1. 主要药品

TTSS（12-4-12）：1，1，1，1-四（2-氧丙基磺酸钠-3 烷基醚-丙烷氧基醚）新戊烷，工业级，实验室自制，制备原理及分子结构如 2.2 节所示；ABS（苯磺酸钠）、SDBS（十二烷基苯磺酸钠）、AES、SDS（十二烷基硫酸钠）和 OP-10（工业级，成都科龙化工试剂厂）；C_{16}-AOS（C_{16} 烯烃磺酸盐）（工业级，成都宁苏助剂化工有限公司）；NaCl 和 CaCl$_2$（分析纯试剂，成都科龙化工试剂厂）；纳米聚合物微球（工业级）；用丙烯酰胺及其衍生物制得的交联共聚物（实验室自制）。

2. 起泡剂筛选

地层盐水样品来自某油田 T402 油井，基本的物性参数、温度和渗透率如表 4-1 所示。采用 Waring Blender 法对研究的起泡体系进行起泡，其泡沫综合指数（FCI）如表 4-7 所示。

表 4-7　不同发泡剂的泡沫综合指数（mL·s）

发泡剂质量分数/%	0.15	0.2	0.25	0.3	0.35
C16-AOS	40348	44657	52490	61678	62456
ABS	20213	22450	31671	37109	43219
AES	26780	35610	42778	51487	55321
SDS	14256	18657	26712	32190	35712
SDBS	7898	13286	20341	25427	27867
OP-10	23254	36825	41245	55460	57569
TTSS（12-4-12）	43424	52567	63456	74568	77327

实验时读取的原始泡沫体积，可在一定程度上反映发泡剂的发泡能力，为了估算泡沫的稳定性，记录了泡沫融合减少到原始体积一半的时间，且被定义为泡沫的半衰期 $t_{1/2}$。

泡沫的综合指数反映了发泡能力和泡沫稳定性的综合影响。

假设该区域是泡沫综合指数与泡沫量的曲线方程：$V=f(t)$，则

$$\text{FCI} = S = \int_{t_0}^{t_0+t_{1/2}} f(t)\mathrm{d}t \qquad (4\text{-}1)$$

简单起见，图 4-13 中的梯形 ABCD 的面积近似计算如下：

$$\text{FCI} = S = 0.75V_{\max}t_{1/2} \qquad (4\text{-}2)$$

根据泡沫体系的 FCI 值，可以评估其综合性能强弱，FCI 值越大，综合性能则越强。

在温度为 95℃时，采用 Waring Blender 法制得单一发泡剂所产生的泡沫，其中包括前面合成的疏水链为碳十二的四聚磺酸盐表面活性剂 TTSS（12-4-12）。所得的泡沫综合指数与发泡剂浓度的关系如表 4-7 所示。

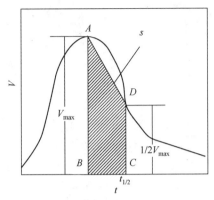

图 4-13　发泡体积与从发泡到消泡的时间的关系

表 4-7 表明在该温度和盐度条件下，TTSS（12-4-12）和 C_{16}-AOS 的泡沫综合指数较大。然而，由单一发泡剂生成的泡沫体积相对较大且起泡能力较弱。因此，由两种表面活性剂 TTSS（12-4-12）和 C_{16}-AOS 复配得出泡沫驱油的最佳配方。

在泡沫制备过程中可知，由 TTSS（12-4-12）和 TritonX-100 制得的泡沫体积较细腻且均匀，然而由 OP-10、ABS、AES、SDS 和 SDBS 制得的泡沫体积较大且不均匀，因此其发泡能力差。

泡沫大小影响泡沫的稳定性。大泡沫容易破碎，而小泡沫的半衰期较长。泡沫越小，形成大泡沫的时间越长，小泡沫的液膜数量比大泡沫的多，因此，小泡沫可以承受液体流失带来的失稳性。由于重力作用，液体在流动中自动向下。在液膜排水的过程中，其液体分子比位于下部的分子具有更大的自由能。由于反应朝自由能减少的方向自发进行，泡沫不断地排出液体，液膜变薄并发生破裂，最终导致泡沫消失。

3. 复合发泡剂浓度筛选

使用上述方法，在 95℃ 时，TTSS（12-4-12）和 C_{16}-AOS 分别以质量比 1∶3，1∶2，1∶1，2∶1 和 3∶1 在地层水中混合，评估两种表面活性剂的协同效应，结果如表 4-8 所示。

表 4-8　复合发泡剂的筛选（质量分数为 3%）

$W_{TTSS (12-4-12)}$ ∶ $W_{C16-AOS}$	3∶1	2∶1	1∶1	1∶2
FCI/（mL·s）	83 122	86 632	81 678	80 116

由表 4-8 结果显示，表面活性剂总浓度保持 0.3wt% 条件下，随着 TTSS（12-4-12）用量的增加，泡沫综合指数先增加，后减少。当 $W_{TTSS (12-4-12)}$ ∶ $W_{C16-AOS}$=2∶1 即 0.2wt%TTSS（12-4-12）和 0.1wt%C_{16}-AOS 时泡沫综合指数达到最大值。当 TTSS（12-4-12）与 C_{16}-AOS 配比小于 2∶1 时，随着 TTSS（12-4-12）用量的增加，泡沫

综合指数先增加，主要原因是随着 TTSS（12-4-12）量的增加，泡沫液膜上的 TTSS（12-4-12）量增加，TTSS（12-4-12）分子量较大，增加泡沫液膜厚度的能力更强，因而 $t_{1/2}$ 增加，又由于 TTSS（12-4-12）表面活性高，降低表面张力强，有利于起泡，因而起泡体积也增加，最终导致泡沫综合指数增大。当 TTSS（12-4-12）与 C_{16}-AOS 配比大于 2∶1 时，随着 TTSS（12-4-12）用量的增加，泡沫综合指数先减小，主要原因是随着 TTSS（12-4-12）量的增加，能增加泡沫液膜厚度，因而 $t_{1/2}$ 增加，但由于 TTSS（12-4-12）表面活性剂过多，导致液膜厚度过厚，起泡困难，起泡体积有所下降，最终导致泡沫综合指数下降。因而总浓度为 0.3wt%条件下，TTSS（12-4-12）与 C_{16}-AOS 的质量比为 2∶1 时，其泡沫综合指数高于其他质量比得到的泡沫综合指数。

比较表 4-7 和表 4-8 可知，利用混合发泡剂制得的泡沫溶液的泡沫综合指数比单一发泡剂制得的好。

4. 稳泡剂聚合物微球浓度筛选

总质量分数为 0.3%条件下，TTSS（12-4-12）与 C_{16}-AOS 的质量比为 2∶1 时，在 95℃时和地层水条件下，加入不同浓度的聚合物微球，搅拌起泡得到的三相泡沫综合指数如表 4-9 所示。

表 4-9　纳米聚合物微球 P（AM-DMC）浓度对泡沫综合指数的影响

纳米聚合物微球质量分数/%	0	0.08	0.10	0.12	0.14	0.16
FCI/（mL·s）	86632	89223	92618	93117	93234	93156

从表 4-9 可知，随着聚合物微球 P（AM-DMC）浓度的增加，FCI 先增加得多，而后增加得较少，最后几乎保持不变。这主要是固体纳米颗粒在气液界面上成为气泡相互聚并的障碍，增加了液膜中流体流动阻力，使稳定性显著提高，FCI 增加。但当达到一定程度时，固体纳米颗粒在气液界面的排列达到饱和，增加纳米聚合物微球浓度并不能增加气液界面上排列的表面活性剂分子数目，因而 FCI 不再增加。

得到适合的三相泡沫驱油体系的配方为：2000 mg/L TTSS（12-4-12）+1000mg/L C_{16}-AOS+1000mg/L P（AM-DMC）纳米微球+某油田地层水。

4.2.3　三相泡沫体系驱油性能

所用设备有 SZB-1 微量注射泵一台（国产）和一个长填砂管（直径为 1.5cm，长为 1.5m），三个测压孔。三相泡沫驱油体系的配方为：2000mg/L TTSS（12-4-12）+1000mg/L C_{16}-AOS+1000mg/L P（AM-DMC）纳米微球+某油田地层水，泡沫由此体系在 3000r/min 高速搅拌下产生。

1. 长填砂管实验

长填砂管实验步骤：

1）将填好的模型抽空 4h 后，饱和模拟地层水，测量孔隙体积和孔隙度；

2）将饱和好地层水的模型放置在恒温箱内，45℃下恒温 12h；

3）测模拟水相渗透率（分段进行测量）；

4）以设定的排量交替注入起泡液和 N_2 至岩心中，同时以一定的气液比注入气体，观察岩心出口端泡沫的状态，记录压力及产液、产气量。

实验用的地层水和矿化度如前所示。只是实验采用的模型为单岩心物理模型，测压点有三处，把填砂管分为四段。

（1）泡沫在多孔介质中的产生

当向饱和原始地层水的岩心中同时注入优化配方体系及氮气时，实验发现，随着注入的气、液总 PV 数的增加，岩心两端压差明显增加。在测压孔 1、2、3 处接样进行监测，结果表明，整个岩心长度上均可以见到明显的泡沫产生。泡沫的产生与注入的 PV 数及注入条件密切相关。在本实验所采用的注入条件下，可以肯定，多孔介质中确实有泡沫产生，其出现的时间与注入 PV 数有关。表 4-10 为气液摩尔比为 4：1 时沿模型长度方向（即流动方向）上各测压孔见泡沫的时机。

表 4-10　气液比 4：1 时长岩心各测压孔见泡沫时的总注入量

气液比	测压孔 3	测压孔 2	测压孔 1	填砂管出口
4：1	0.21PV	0.70PV	0.92PV	1.57PV

但当气液比太大时，气泡结构由气体被液体间隔变为液体被气体间隔，且容易破裂。遗憾的是，由于条件所限，实验无法测量流出泡沫的大小分布、结构及黏度，因此给不出更深入的分析结果，但有一点可以完全肯定，即对于本实验所用体系配方，当向多孔介质中交替注入三相泡沫体系时，完全可以在岩心前端面有效形成质量较好的细腻泡沫。

（2）泡沫在多孔介质中的运移

实验条件及实验程序与泡沫在多孔介质中的产生相同，只是实验采用的模型为两维纵向非均质物理模型，变异系数为 0.88，平均气测渗透率为 $25.66\mu m^2$。填砂管中间有两个测压孔，将岩心均匀分成三段。

HOLM 曾指出，泡沫在多孔介质中不可能以整体形式移动；相反，当泡沫薄膜破裂时，构成泡沫的液体和气体也发生分离，其后可在多孔介质中再生。那么在岩心前端面产生的泡沫能否通过孔隙介质时不断破灭和再生，保持沿岩心长度上一定的稳定段，是关系到泡沫对高渗层具有封堵作用的一个前提条件。为分析这一问题，设计了如图 4-14 的长岩心实验，绘制了图 4-15。图中三条曲线分别为长岩心的入口端、中间 1、中间 2 和出口端分隔成三段的压力降 Δp_1、Δp_2、Δp_3 与注入 PV 数间的关系曲线。

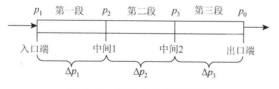

图 4-14　长岩心分段示意图

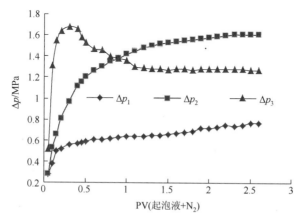

图 4-15　长岩心分段压差随注入 PV 数变化的关系曲线

由图 4-15 可以看到，在注入开始后，第一段岩心两端的压差迅速增加，很快达到稳定，然后压力前缘以与气体前缘一样的速度向下游移动，表明泡沫没有延迟产生。如图 4-15 中所示，当第一段的压差开始平稳时，第二段的压差开始上升，说明泡沫阻力系数在增大，表明泡沫在第二段正在大量生成，并且第二段中产生的泡沫质量较好，在孔隙中有较高的视黏度。由第三段的压力曲线可看出，压差最初急剧增加，峰值达到 1.71MPa，之后开始缓慢降低，最终稳定在 1.28MPa。这表明，在第三段的开始部分仍有大量泡沫产生，随着向出口端的推进，泡沫开始破裂，所以压力会缓慢降低。但最终的压力达到平稳则说明泡沫是不断地破灭和再生的。气体在泡沫破灭、再生的过程中向前运动，液体则通过气泡液膜网络流过孔隙介质。宏观上看，泡沫是在不断地破灭和再生中向前移动。泡沫在孔隙介质中运移时可保持相当长的稳定段。

2. 化学驱的比较

研究比较以下五种化学驱过程：①直接注入二相聚合增强泡沫，液体组成为 0.2wt% TTSS（12-4-12）+0.1wt% C_{16}-AOS+0.1wt% KYPAM-II+地层水，N_2 气/液体比为 4∶1。②直接注入三相泡沫，液体组成为 0.2wt% TTSS（12-4-12）+0.1wt% C_{16}-AOS+0.1wt% 纳米微球 P（AM-DMC）+地层水，N_2 气/液体比为 4∶1。③表面活性剂驱，0.2wt% TTSS（12-4-12）+0.2wt% C_{16}-AOS。④聚合物纳米微球驱，0.4wt% 纳米微球 P（AM-DMC）。⑤气驱，采用 N_2。三相泡沫驱与二相泡沫驱、表面活性剂驱、聚合物纳米微球驱和 N_2 气驱的采收率如表 4-11 所示。注入流量为 10ft/d，地层温度为 110℃，采用贝雷砂岩，所用回压 24.8MPa。三相泡沫驱的采收率为 18.6%，高于其他四种驱油方法。五种化学驱提高采收率的大小关系是：三相泡沫驱＞二相泡沫驱＞聚合物纳米微球驱＞表面活性剂驱＞气驱。

表 4-11　泡沫驱与表面活性剂驱、聚合物纳米微球驱、N_2 气驱的采收率对比

驱油模式	渗透率/（$\times 10^{-9}m^2$）	S_{or}/%	注入体积 V/mL	水驱采收率/%	化学驱采收率/%
直接注入二相泡沫	106.8	65.2	0.3	44.2	12.4
直接注入三相泡沫	104.5	66.7	0.3	43.6	18.6
表面活性剂驱	107.2	64.2	0.3	45.1	9.42
聚合物纳米微球驱	110.3	65.8	0.3	44.6	9.95
N_2 气驱	108.3	64.9	0.3	43.7	7.84

3. 双岩心采收率实验

直接注入三相泡沫：液体组成为 0.2wt% TTSS（12-4-12）+0.1wt% C_{16}-AOS+0.1wt%纳米微球 P（AM-DMC）+地层水，N_2/液体比为 4∶1，经过双岩心驱替实验，注入流量为 10ft/d，地层温度为 110℃，采用贝雷砂岩，保持回压 24.8MPa，其实验结果如表 4-12 所示。

表 4-12　三相泡沫驱的双岩心实验

组数	岩心编号	渗透率/（$\times 10^{-9}m^2$）	S_{or}/%	泡沫体积（PV）	水驱渗透率/%	泡沫驱提高采收率/%	平均提高采收率/%
第 1 组	1#	105.5	74.4	0.5	42.4	10.2	15.8
	2#	20.6	54.3		30.2	15.5	
第 2 组	3#	67.1	69.7	0.5	48.5	10.9	
	4#	6.52	55.6		21.2	26.7	

表 4-12 中两个实验的采收率总结如下：第 1 组实验中，当渗透率极差大约为 5 时，在高渗透岩心和低渗透岩心的采收率分别为 10.2%和 15.5%；第 2 组实验中，当渗透率极差大约为 10 时，在高渗透岩心和低渗透岩心的采收率分别为 10.9%和 26.7%，两组实验平均提高采收率为 15.8%。双岩心实验表明三相泡沫驱油体系具有更强的剖面控制能力，能封堵高渗透层，起动低渗透层油藏的原油，达到深部调驱的目的。

4.2.4　三相泡沫驱驱油机理

采用的微观模型实验有两个特点：一是可视性，可直接观察水驱油及各种提高采收率的驱油剂驱油的整个过程，验证驱油机理；二是仿真性，可以模拟天然岩心的孔隙结构特征，实现几何形态和驱替过程的仿真。

1. 实验材料

1）孔隙介质材料：200 目和 28 目石英砂；

2）某油田 T402 某油井地层水，为了便于观察，加入中性染料染成蓝色，油染成红色；

3）化学用品：液体组成为 0.2wt%TTSS（12-4-12）+0.1wt%C_{16}-AOS+0.1wt%纳米微球 P（AM-DMC）+地层水，N_2/液体比为 4∶1；

4）模拟原油：某油田 T402 某油井原油，90℃下黏度为 2.6mPa·s；

5）JVC 数字化彩色摄像系统一套。包括两台计算机，一台用于流量控制，另一台用于数据记录；TVCapture98 加 VCR 软件一套；岩心塑料薄片一个；ZEISSV11型高倍显微镜一台。

2. 微观模型实验步骤

采用微观塑料模型研究了泡沫驱油机理，其模型尺寸为 58mm×25mm×4mm，有效尺寸为 30mm×22mm×0.2mm。具体步骤为抽真空并用模拟地层水饱和微观模型→饱和油→水驱油→泡沫驱油→结束实验。注入速率为 5m/d，驱替温度为 25℃。微观驱油实验采用了现代计算机微观数字彩色摄像技术，并用 TVCapture with VCR 软件，使整个驱替动态过程记录下来，达到可视化目的。

3. 微观模型驱油实验

从饱和水情况可以看出，在长达 12h 饱和水时，驱替开始能明显看见流动微气泡，最后消失。除了个别死孔隙外，其他地方显蓝色，表明模型几乎饱和了水。饱和油情况表明，饱和油时，油排挤出了部分孔喉里的水，油占据了大孔道，由于流动阻力增加，慢慢向小孔道渗流，颜色由蓝色转变为深红色。

从水驱油之后可看出，大孔道的油绝大部分被驱出，小孔道油未动用，能观察到较明显的指进现象，颜色也由深红色转变为浅红色。从泡沫驱油之后可看出，泡沫驱油时，波及面积增加，大孔道的剩余油几乎被驱出，小孔道未动用的油大部分被驱出，颜色也由红色转变为灰白色。

在亲水模型上进行水驱油后，剩余油以三种方式存在：不连续状的油珠存在于孔隙中间部位；低渗区孔隙存在大部分未启动油；个别孔隙中也存在油膜状态的剩余油，这种油水分布就是注泡沫的初始条件。

4. 泡沫驱油机理

泡沫具有驱油作用的主要原因在于泡沫在多孔介质内的渗流特性。泡沫优先进入流动阻力较小的高渗透大孔道，由于泡沫在大孔道中流动时有较高的视黏度，流动阻力随泡沫注入量的增加而增大，当增大到超过小孔道中的流动阻力后，泡沫便越来越多地流入低渗透小孔道。泡沫能流入小孔道的原因还有：泡沫在小孔道中流动时视黏度低，小孔道中含油饱和度高，泡沫稳定性差。这两种因素的作用结果最终导致泡沫在高、低渗透率油层内可实现均匀推进。泡沫还具有一定的洗油能力，因而泡沫驱油能大幅度地提高采收率，在一般情况下，可提高10%～25%采收率。气体充满孔隙介质，挤压孔隙中的液体形成液膜，或孔隙喉道处的液相截断气体，形成分离气泡。泡沫的生成使气相渗透率降低而形成较高的视黏度；同时，泡沫液膜的组分是由三相复合体系组成的，液膜可以随着泡沫进入储层较差的部分，并与原油形成低界面张力或超低界面张力，从而高效驱替剩余油。

（1）抑制了黏性指进，使流体改向

三相泡沫驱泡沫在孔隙介质中具有很高的视黏度（90℃可达100mPa·s），具有类似于聚合物驱的高流度控制能力，抑制了黏性指进，另P（AM-DMC）聚合物纳米微球和分子量较大的TTSS（12-4-12）的共同作用增加了泡沫膜强度，与一般普通聚合物泡沫相比，三相泡沫的驱油效率大幅上升。

（2）阻力效应

水驱主要是驱替大孔道中的原油，而泡沫驱则能驱替小孔道中的原油，这是因为泡沫首先进入流动阻力较小的高渗透大孔道，产生气阻效应，大孔道中流动阻力随泡沫量的增加而增大，当流动阻力增加到超过小孔道中流动阻力后，泡沫便越来越多地流入中低渗透率的小孔道中，改变了微观波及体积，具有一定的微观"调剖"作用。在流动过程中，泡沫相互聚并、分裂。

（3）剥离油膜

孔隙表面润湿性的非均质性和原油中的重组分的作用，造成了部分油滴或油段残留在孔壁上。经过三相泡沫驱替作用，大量的油滴、油膜和油段开始启动，在显微镜下观察到泡沫使油膜剥离变薄，剥离下的油呈分散的细粉状或丝状，随水流动，被驱出孔隙。泡沫对驱扫盲端残余油有很大的优势，大泡将小泡挤入盲端，小泡将盲端中的油挤出。泡沫也具有明显的选择性堵塞作用，被驱出的油相及乳化的油滴可沿着泡沫之间的液膜绕过泡沫向前运移，这对于开发非均质性油藏极为有利。

（4）乳化、携带

在表面活性剂的作用下，部分油滴被增溶进入胶束中，发生了不同程度的乳化现象，形成水包油型乳化液，在压差的作用下，乳化液携带增溶的油滴向压降方向运移。在水驱程度较高的孔隙中，可以明显地看见表面活性剂将油乳化、分散形成水包油型的乳状液，携带油珠渗流的现象。形成的乳液在多孔介质中流动的阻力相对较低，导致流动阻力相对下降。

（5）纳米聚合物微球吸附-架桥和变形运移

纳米聚合物微球带有少量的正电荷，与带负电荷的岩石作用，吸附在岩石表面，吸附的颗粒越多就易出现架桥现象，使得孔道变小，减少了此孔道水流速度和水流量，使得水流改向，产生绕流，进入其他更小孔道，启动更低渗透层或渗透带的油运移。纳米微球也可在一定压力条件下变形，通过孔道向前运移，驱扫油膜和油带。

4.3　小　　结

1. 表面活性剂驱

研究了 TTSS（*n-3-n*）的气液界面和油水界面的界面活性。结果表明，三聚表面活性剂 TTSS（*n-3-n*）表面活性高，可使油水界面的界面张力降至超低值。表面活性剂驱油体系优化配方为 1000mg/L 的 TTSS（12-3-12）和 1000mg/L 的 NPSO。该体系可以使油田原油的界面张力降到超低值，表明表面活性剂成分与油藏的配伍性更好。非离子表面活性剂 NPSO 与 TTSS（12-3-12）相互产生了协同作用，从而稳定乳液，降低油/水界面张力。

在油田储层条件下，该体系可以达到超低的界面张力。填砂测试表明，在驱替过程中，由于色谱分离的影响小，该体系可保持稳定。表面活性剂驱替岩心研究表明平均原油采收率达到 9.8%。因此，在提高某油田 T402 油区原油采收率时，作为无碱表面活性剂驱体系，该体系是可行的。

2. 三相泡沫驱

研究了 TTSS（12-4-12）的气液界面和油水界面的界面活性。结果表明，四聚表面活性剂 TTSS（12-4-12）的泡沫综合指数 FCI 高，与 C_{16}-AOS 复配性好。同时，制备了纳米聚合物微球 P（AM-DMC）并进行了表征，以此微球作为三相泡沫的固相，以提高泡沫的稳定性。优化三相泡沫驱油体系配方为 0.2wt%TTSS（12-4-12）+0.1wt%C_{16}-AOS+0.1wt%纳米聚合物微球 P（AM-DMC）+地层水。

三相泡沫驱抑制了黏性指进，使液流改向，表明泡沫驱既具有聚合物驱的高流度控制能力，又因产生了气阻效应，具有微观调剖的作用；三相驱泡沫还有剥离油膜、乳化携带作用，表明泡沫具有表面活性剂驱的乳化和降低界面张力的作用。泡沫驱油体系能在岩心前端面有效形成质量较好的细腻泡沫。气体在泡沫破灭、再生的过程中向前运动，液体则通过气泡液膜网络流过孔隙介质，泡沫在不断地破灭和再生中向前移动，在孔隙介质中的运移过程可保持相当长的稳定段。对泡沫的驱油机理和运移规律分析结果表明，三相泡沫驱油过程中形成三个驱油带：前沿是乳状液渗流；中间既有前沿中的乳状液渗流，也有气体追进渗流和泡沫渗流；后沿无油，以泡沫渗流为主。三相泡沫驱综合了聚合物微球驱、气驱和表面活性剂驱的作用，因此三相泡沫作为驱油剂，在非均质性严重或裂缝性突出的油藏中应用前景广阔。

参 考 文 献

[1] 陈淦. 发展三次采油的战略意义及政策要求[J]. 油气采收率技术, 1997, 4 (4): 1-6.

[2] 仇莉, 吴芳, 张弛. 驱油用表面活性剂的发展及界面张力研究[J]. 西安石油大学学报, 2010, 25 (6): 59-65.

[3] 韩明, 康晓东, 张建. 表面活性剂提高采收率技术的进展[J]. 中国海上油气, 2006, 12 (6): 408-412.

[4] 王玉梅. 新型石油磺酸盐性能研究[J]. 油气田地面工程, 2009, 28 (8): 21-22.

[5] 聂振霞. 胜利石油磺酸盐在史深 100 油田的应用[J]. 大庆石油学院学报, 2011, 35 (3): 81-84.

[6] 张越, 张高勇, 王佩维, 等. 重烷基苯磺酸盐的界面性质和驱油机理[J]. 物理化学学报, 2005, 21 (2): 161-165.

[7] 杨承志. 化学驱提高采收率[M]. 北京：石油工业出版社, 2007: 103-109.

[8] 韩冬, 沈平平. 表面活性剂驱油原理及应用[M]. 北京：石油工业出版社, 2001: 1-5.

[9] 俞稼镛, 宋万超, 李之平, 等. 化学复合驱基础及进展[M]. 北京：中国石化出版社, 2002: 1-8.

[10] Foster W R. A low-tension water flooding process [J]. Petroleum Technology, 1973, 25: 205-210.

[11] 赵立艳, 樊西惊. 表面活性剂驱油体系的新发展[J]. 西安石油学院学报, 2000, 15 (2): 55-58.

[12] Cayias J L, Schechter R S, Wade W H. The utilization of petroleum sulfonates for producing low interfacial tensions between hydrocarbons and water[J]. Ibid, 1977, 59 (1): 31-38.

[13] 李干佐, 林元, 等. Tween80 表面活性剂复合驱油体系研究[J]. 油田化学, 1994, 11 (2): 152-156.

[14] 李殿文. 前苏联表面活性剂的稀体系驱油[J]. 油田化学, 1993, 10 (2): 188-194.

[15] 范森, 李宜强, 宋文玲, 等. 以重 α-烯烃研制驱油活性剂 α-烯基磺酸盐[J]. 大庆石油学院学报, 2005, 29 (3): 19-22.

[16] 单希林, 康万利, 孙洪彦, 等. 烷醇酰胺型表面活性剂的合成及在 EOR 中的应用[J]. 大庆石油学院学报, 1999, 23 (1): 32-34.

[17] 刘洋, 黎钢, 杨芳. 壬基酚聚氧乙烯醚溶液与原油组分界面张力的研究[J]. 日用化学工业, 2010, 40 (4): 255-258.

[18] 黄志宇, 陈士元, 张太亮, 等. 烯烃加成法合成烷基酚聚氧乙烯醚磺酸盐[J]. 精细石油化工, 2011, 28 (1): 50-53.

[19] 李宜坤, 赵福麟, 王业飞. 以丙酮作溶剂合成烷基酚聚氧乙烯醚羧酸盐[J]. 石油学报, 2003, 19 (2): 33-38.

[20] 王业飞, 黄建滨. 氧乙烯化十二醇醚丙撑磺酸钠合成及表面活性[J]. 物理化学学报, 2001, 17 (6): 488-490.

[21] 周明, 赵金州, 刘建勋, 等. 磺酸盐型 Gemini 表面活性剂合成研究进展[J]. 应用化学, 2011, 28 (8): 855-863.

[22] 谭中良, 袁向春. 新型阴离子孪连表面活性剂的合成[J]. 精细化工, 2006, 23 (10): 945-949.

[23] 张永明, 朱红, 夏建华. 磺酸盐型 Gemini 表面活性剂的合成及在三次采油中的应用研究[J]. 北京交通大学学报, 2007, 31 (3): 100-103.

[24] Zhu Y P，Masuyama A，Kirito Yoh-ichi. Preparation and properties of glycerol-based double-or triple-chain surfactants with two hydrophilic ionic groups[J]. Journal of the American Oil Chemists Society，1992，69（7）：626-632.

[25] 赵国文，张丽萍，白利涛. 生物表面活性剂及其应用[J]. 日用化学工业，2010，40（4）：293-295.

[26] 李道山，廖广志，杨林. 生物表面活性剂作为牺牲剂在三元复合驱中的应用研究[J]. 石油勘探与开发，2002，29（2）：106-109.

[27] 于君明，陈洪龄，韦亚兵. 新型双子两性表面活性剂的合成及性能[J]. 南京工业大学学报，2005，27（5）：62-66.

[28] 唐善法，周先杰，郝明耀. 低聚表面活性剂界面活性研究[J]. 石油天然气学报，2005，27（1）：253-255.

[29] 李杰，王晶，陈巧梅，等. 新型低聚表面活性剂的合成及表面活性[J]. 精细石油化工，2010，27（1）：47-50.

[30] 赵玉玺. 表面活性剂物理化学原理[M]. 北京：北京大学出版社，1997：164-181.

[31] 丁伟，王艳，于涛. 系列十二烷基二甲苯基磺酸钠的合成与表面性能[J]. 应用化学，2007，24（9）：1018-1022.

[32] 姜小明，张路，安静仪，等. 多烷基苯磺酸钠水溶液的表面性质[J]. 物理化学学报，2005，21（12）：1426-1430.

[33] 赵田红，胡星琪，王忠信. 磺酸盐系列孪连表面活性剂的合成与驱油性能[J]. 油田化学，2008，25（3）：268-271.

[34] 张继超，马宝东，张永民，等. 不同氧乙烯基数十六烷基聚氧乙烯醚磺酸钠的界面性能[J]. 日用化学工业，2011，41（2）：87-91.

[35] 蒲燕，李红英，张祥良，等. 不同链长石油羧酸盐和不同碳数纯烃之间的界面张力[J]. 油田化学，2003，20（2）：160-162.

[36] Wang J，Ge J J，Zhang G C，et al. Low gas-liquid ratio foam flooding for conventional heavy oil [J]. Petroleum Science，2011，8（3）：335-344.

[37] Vikingstad A K，Aarra M G. Comparing the static and dynamic foam properties of a fluorinated and an alphaolefin sulfonate surfactant[J]. Journal of Petroleum Science and Engineering，2009，65：105-111.

[38] Duana X G，Houa J，Chenga T T，et al. Evaluation of oil-tolerant foam for enhanced oil recovery: Laboratory study of a system of oil-tolerant foaming agents[J]. Journal of Petroleum Science and Engineering，2014，122：428-438.

[39] Pang Z X，Liu H Q，Ge P Y，et al. Physical simulation and fine digital study of thermal foam compound flooding[J]. Petroleum Exploration and Development，2012，39（6）：791-797.

[40] Kovscek A R，Bertin H J. Foam mobility in heterogeneous porous media I: scaling concepts[J]. Transport in Porous Media，2003，52（1）：17-35.

[41] Xu L，Xu G Y，Gong H J，et al. Foam properties and stabilizing mechanism of sodium fatty alcohol polyoxyethylene ether sulfate-welan gum composite systems[J]. Colloids and Surfaces A：Physicochemical and Engineering Aspects，2014，456：176-183.

[42] Farajzadeh R，Krastev R，Zitha P L. Foam films stabilized with alpha olefin sulfonate（AOS）[J]. Colloids and Surfaces A：Physicochemical and Engineering Aspects，2008，324（1-3）：35-40.

[43] 吴旭光. 超低渗透层不同驱替阶段注采实验[J]. 油气田地面工程，2013，32（12）：30-31.

[44] 周明，蒲万芬，杨燕. NTCP 泡沫体系的注入方式及驱油效率[J]. 西南石油学院学报，2003，25（1）：62-64.

[45] 谢桂学，刘江涛，李军，等. 低气液比泡沫驱的室内物理模拟研究[J]. 石油地质与工程，2011，25（5）：115-117，120.

[46] 刘强. 氮气泡沫驱泡沫剂室内实验研究[J]. 化工中间体，2015，5：66-67.

[47] 董俊艳，王斌，胡艳霞，等. 空气泡沫/表面活性剂复合驱提高采收率研究[J]. 精细石油化工进展，2015，2：1-4.

[48] 周明，蒲万芬，赵金洲，等. 抗温抗盐泡沫复合驱驱油特性研究[J]. 钻采工艺，2007，2：112-114.

[49] 刘清栋，祝红爽，权莉. 超深稠油泡沫驱泡沫体系优选[J]. 油田化学，2014，31（2）：247-251.

[50] 李爱芬，陈凯，赵琳，等. 泡沫体系注入方式优化及可视化研究[J]. 西安石油大学学报（自然科学版），2011，

26（5）：49-52，116.

[51]　Wang J，Ge J J，Zhang G C，et al. Low gas-liquid ratio foam flooding for conventional heavy oil[J]. Petroleum Science, 2011，8（3）：335-344.

[52]　Pei H H，Zhang G C，Ge J J. Laboratory investigation of enhanced heavy oil recovery by foam flooding with low gas-liquid ratio[J]. Petroleum Science and Technology，2011，29（11）：1176-1186.

[53]　霍隆军，李华斌，刘露，等. 注入段塞对空气泡沫驱油效果的影响[J]. 石油化工应用，2013，32（12）：106-109.

[54]　Koehler S A，Hilgenfeldt S，Weeks E R，et al. Foam drainage on the microscale II. Imaging flow through single plateau borders[J]. Journal of Colloid and Interface Science，2004，276（2）：439-449.

[55]　李豪浩. 起泡剂的筛选与性能评价[J]. 石油地质与工程，2009，23（2）：128-130.

[56]　杨承志，黄琰华，刘彦丽，等. 泡沫驱油过程中起泡剂分配方式的研究[J]. 石油勘探与开发，1985，3：57-65.

[57]　康万利，王杰，吴晓燕，等. 两亲聚合物泡沫稳定性及影响因素研究[J]. 油田化学，2012，29（1）：48-51，68.

[58]　赵玉玺. 表面活性剂复配原理[J]. 石油化工，1987，16（1）：45-52.

[59]　方文超，唐善法，胡小冬. 阴离子双子表面活性剂的油水界面张力研究[J].石油钻采工艺，2010，32（5）：86-89.

[60]　李华斌，陈中华. 界面张力特征对三元复合驱油效率影响的实验研究[J].石油学报，2006，27（5）：96-98.

[61]　Wagner O R，Leach R O. Effect of interfacial tension on displacement efficiency[J]. SPE Journal，1966，6（4）：335-344.

[62]　朱怀江，杨普华. 化学驱中动态界面张力现象对驱油效率的影响[J]. 石油勘探开发，1994，21（2）：74-80.

[63]　李华斌，陈中华. 界面张力特征对三元复合驱油效率影响的实验研究[J].石油学报，2006，27（5）：96-98.

[64]　Li G Z，Xu J，Mu J H. Design and application of an alkaline-surfactant-polymer flooding system in field pilot test[J]. Journal of Dispersion Science and Technology，2005，26（6）：709-717.

[65]　郭春萍，王颖，仲强. 三元复合体系油水界面张力与乳化程度关系研究[J].合成化学，2010，S1：138-141.

[66]　李世军，杨振宇，宋考平. 三元复合驱中乳化作用对提高采收率的影响[J].石油学报，2003，4（5）：71-73.

[67]　康万利，李金环，赵学乾. 界面张力和孔滴大小对乳液稳定性的影响[J]. 油气田地面工程，2005，24（1）：11-12.

[68]　葛际江，王东方，张贵才. 稠油驱油体系乳化能力和界面张力对驱油效果的影响[J]. 石油学报，2009，25（5）：690-696.

[69]　Liu Q，Dong M Z，Yue X G，et al. Synergy of alkali and surfactant in emulsification of heavy oil in brine[J]. Colloids and Surfaces A：Physicochemical and Engineering Aspects，2006，273（1-3）：219-228.

[70]　Liu Q，Dong M Z，Yue X G，et al. Surfactant enhanced alkaline flooding for Western Canadian heavy oil recovery[J].Colloids and Surfaces A：Physicochemical and Engineering Aspects，2007，293（1-3）：61-73.

[71]　吴天江，张小衡，李兵. 低渗透砂岩润湿性对水驱和复合驱采收率的影响[J]. 断块油气田，2011,18(3)：363-365.

[72]　蒋明煊. 油藏岩石润湿性对采收率的影响[J]. 油气采收率技术，1995，3（3）：25-31.

[73]　吴志宏，牟伯中，王修林. 油藏润湿性及其测定方法[J]. 油田化学，2001，18（1）：90-96.

[74]　Richardson J G，Perkins F M，Osoba J S. Difference in behavior of fresh and aged east texas woodbine cores[J]. Transaction of AIME，1955，204：86-91.

[75]　王小泉，张宁生，卜绍峰. 砂岩-重烷基苯石油磺酸盐润湿性的实验研究[J].西北大学学报，2004，34（5）：563-566.

[76]　王雨，郑晓宇，李新功. 烷基苯李连表面活性剂对固体表面润湿性的影响[J]. 油田化学,2009,26(3)：316-319.

[77]　崔正刚，刘世霞，何江莲. 重烷基苯磺酸盐在大庆油砂上的静态吸附损失研究[J]. 油田化学，2000，17（4）：359-363.

[78] 唐善法，田海，岳泉. 阴离子双子表面活性剂在油砂上吸附规律研究[J]. 石油天然气学报，2008，30（6）：313-317.

[79] 汤小燕，蒲万芬，杨燕. 阳离子 Gemini 表面活性剂的静态吸附规律研究[J].石油与天然气化工，2005，34（6）：508-510.

[80] Esumi K，Takeda Y，Goino M，et al. Adsorption and adsolubilization by monomeric，dimeric or trimeric qusternary ammonium surfactant at silica/water interface [J]. Journal of Colloid and Interface Science，1996，183（2）：539-545.

[81] 杨颖，李明远，林梅钦. 非离子型 Gemini 表面活性剂的表面活性与固液界面吸附特性研究[J]. 中国石油大学学报，2006，30（3）：123-125.

[82] 王萍，史济斌，彭昌军. 非离子 Gemini 表面活性剂在固-液界面吸附的 Monte Carlo 模拟[J]. 华东理工大学学报，2009，35（2）：245-249.

[83] 郑延成，韩冬，杨普华. 低聚表面活性剂的合成及应用进展[J]. 化工进展，23（8）：852-856.

[84] 高志农，许东华，吴晓军. 新型低聚表面活性剂研究进展[J]. 武汉大学学报（理学版），2004，50（6）：691-697.

[85] 谭中良，韩冬，杨普华. 孪连表面活性剂的性质和三次采油中应用前景[J].油田化学，2003，20（2）：187-190.

[86] 唐善法，刘忠运，胡小东. 双子表面活性剂研究与应用[M]. 北京：化学工业出版社：22.

[87] 周明，莫衍志，赵焰峰，等. 丙三醇为联接基的新型表面活性剂的合成及表征[J]. 石油化工高等学校学报，2012，25（4）：6-9，13.

[88] Kang H C，Lee B M，Yoon J，et al. Improvement of the phase-transfer catalysis method for synthesis of glycidyl ether[J]. Journal of the American Oil Chemists Society，2000，78（4）：423-429.

[89] Swaraj P，Bengt R. Methyl methacrylate（MMA）-glycidyl methacarylate（GMA）copolymers. A novel method to introduce sulfonic acid groups on the polymeric chains [J]. Macromolecules，1976，9（2）：337-340.

[90] 曹绪龙，何秀娟，赵国庆，等. 表面活性剂疏水链长对高温下泡沫稳定性的影响[J]. 高等学校化学学报，2007，28（11）：2106-2111.

[91] 王其伟. 泡沫驱油发展现状及前景展望[J]. 石油钻采工艺，2013，35（2）：94-97.

[92] 岳玉全，郑之初，张世民. 氮气泡沫驱发泡剂优选及油层适应性室内实验[J]. 石油化工高等学校学报，2010，23（1）：80-85.

[93] 郭程飞，李华斌，吴忠正，等. 起泡剂在不同驱油方式下的驱油效果[J]. 油田化学，2014，31（4）：534-537.

第5章　表面活性剂驱数值模拟及经济评价

5.1　地　质　模　型

针对某油田 T402 区块 CⅢ 油组砂岩段采用岩相控制下的随机建模技术,分区块建立了三维地质模型。平面网格 20m×20m,垂向网格含砾砂岩段 0.2m,均质段 0.5m。某油田 T402 区块 CⅢ 油组砂岩段格架模型如图 5-1 所示。

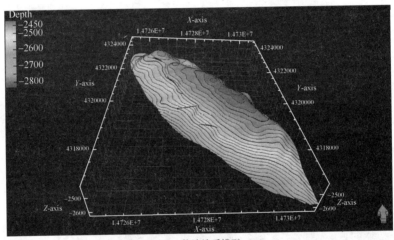

(a) 构造地质模型

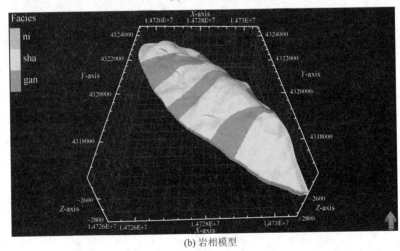

(b) 岩相模型

图 5-1　某油田 T402 区块 CⅢ 油组砂岩段格架模型

　　某油田 T402 区块 CIII 油组砂岩段属性模型的孔隙度模型、渗透率模型和含油饱和度模型分别如图 5-2（a）、图 5-2（b）和图 5-2（c）所示。

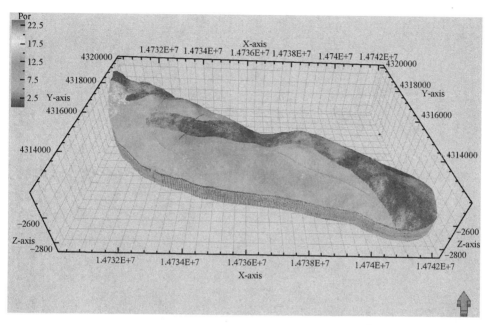

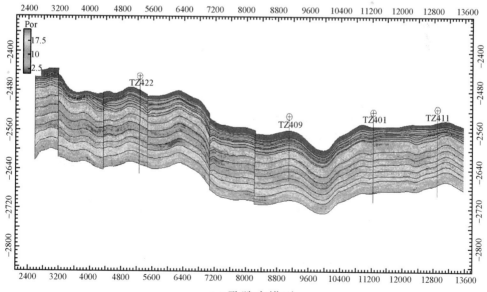

(a) 孔隙度模型

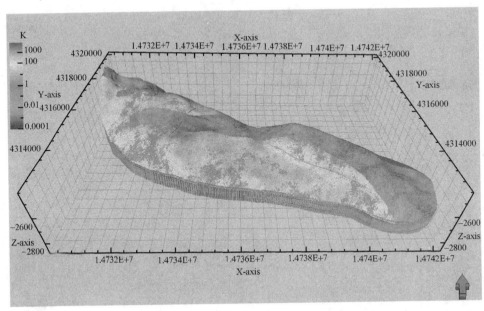

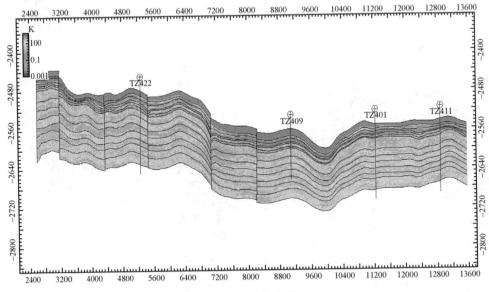

(b) 渗透率模型

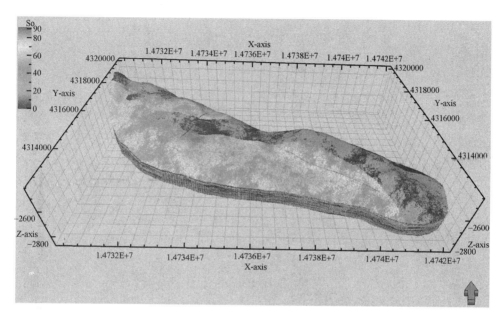

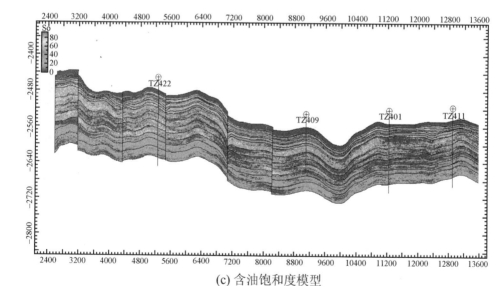

(c) 含油饱和度模型

图 5-2　某油田 T402 区块 CIII 油组砂岩段属性模型

某油田 T402 区块的过井剖面地质模型如图 5-3 所示。数模网格数：92×29×48=128064 个，数模分 48 层，对应关系：E0（1~2）、E1（3~7）、E2（8~11）、E3（12~16）、E4（17~21）、E5（22~24）、均质段（25~48）。

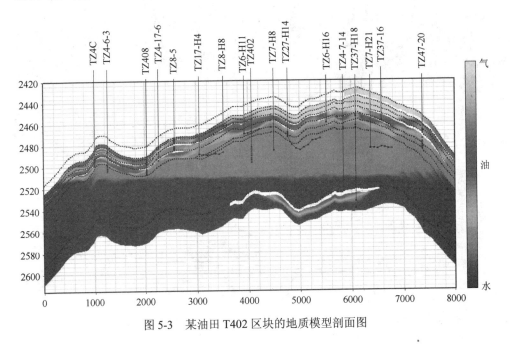

图 5-3　某油田 T402 区块的地质模型剖面图

在以上的三维地质模型基础上，针对某油田 T402 区块布置井网，进行历史拟合和数值模拟。

5.2　井网布置和可动油储量丰度

5.2.1　表面活性剂驱井网布置

布置方案总的设计原则是以提高储量动用程度、增加可采储量、获得最佳经济效益为目的，保持表面活性剂驱今后至少 10 至 15 年的高产高效开发。本节研究的是某油田 T402 区块 CⅢ均质段油藏，为了方便分析问题，同时抓住重点，以某油田 T402 区块 CⅢ均质段油藏为例重新进行井网布置。

针对目前均质段开发存在的突出矛盾——毛管束缚力作用使得油滴难以启动和运移，重新布置井网，以充分启动分散的残余油滴和油柱，改变原来水流通道，对注采井经过多次优化调整，并对五点井网和注边水底水进行比较，以满足表面活性剂驱的需要。优化的井组如图 5-4 所示，共布井 29 口，注水井 14 口，采油

井 15 口，以注入边底水为主。在 29 口井中，老井 25 口，新增 4 口井，2 口油井
（W_1 和 W_3）和 2 口水井（W_2 和 W_4）。

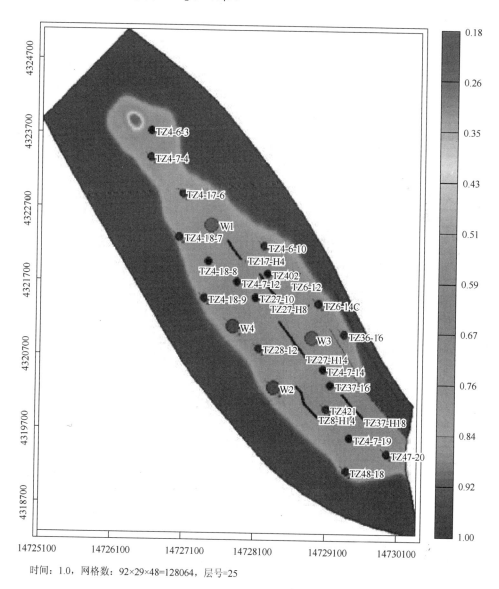

时间：1.0，网格数：92×29×48=128064，层号=25

图 5-4　重新布置理论井网

5.2.2　油储量丰度对比图

目前可动油储量丰度图和注表面活性剂预测 20 年可动油储量丰度图分别如

图 5-5 和图 5-6 所示。比较可知，注入表面活性剂后原油可动储量丰度显著增加，具有巨大的增油空间。

属性：可动油储量丰度+

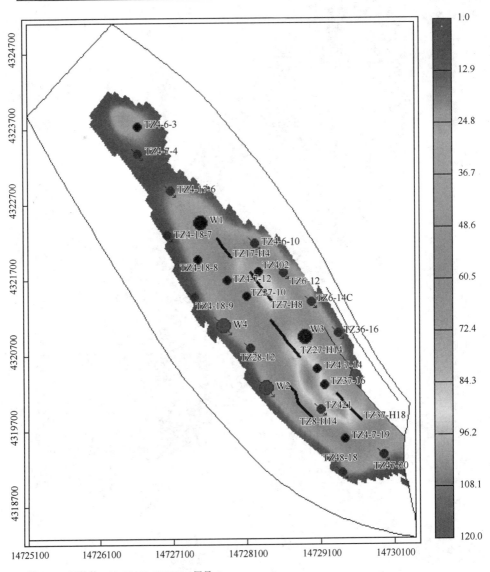

时间：1.0，网格数：92×29×48=128064，层号=1

图 5-5　目前可动油储量丰度图（$S_O > 10\%$）

属性：可动油储量丰度+，模拟日期：2031年12月31日，Eclipse(TZ402C3-INJSFTB)

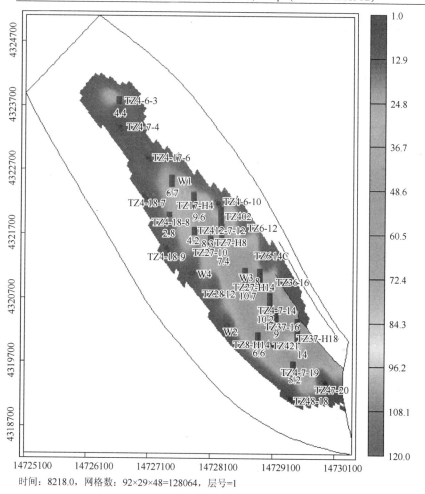

时间：8218.0，网格数：92×29×48=128064，层号=1

图 5-6 预测 20 年可动油储量丰度图（$S_O > 10\%$）

5.3 表面活性剂驱数值模拟

5.3.1 基本原理

本章所采用的数值模拟软件为 Eclipse 里的 Surfactant Modal 模块，不考虑具体的化学反应，主要考虑稀表面活性剂溶液驱替的主要特征。其主要思想是把表面活性剂水溶液对界面张力的影响反映到毛管数上，通过毛管数的变化来处理相渗曲线，从而模拟渗流的变化。毛管力的计算如下。

毛管数与界面张力的关系：

$$N_C = \upsilon \mu_W / \sigma_{ow} \tag{5-1}$$

式中，N_C 为毛管数；υ 为驱替速度，m/s；μ_W 为驱替液黏度，mPa·s；σ_{ow} 为油与驱替液间的界面张力，mN/m。

N_C 越大，残余油饱和度越小，驱油效率越高。增加 υ 和 μ_W，降低 σ_{ow}，可提高 N_C。

毛管数是表征黏滞力和毛管力比值的无量纲数，计算公式为

$$N_C = \frac{|K \cdot \mathrm{grad}P|}{\sigma} C_{unit} \tag{5-2}$$

式中，K 为渗透率，$\times 10^{-3} \mathrm{um}^{-2}$；$P$ 为压力势，bar[①]；σ 为界面张力，N/m；$C_{unit} = 9.869234 \times 10^{-11}$，为单位转化系数。

$$|K \cdot \mathrm{grad}P| = \sqrt{(K_x \cdot \mathrm{grad}P)^2 + (K_y \cdot \mathrm{grad}P)^2 + (K_z \cdot \mathrm{grad}P)^2} \tag{5-3}$$

$$K \cdot \mathrm{grad}P_x = 0.5 \left[\left(\frac{K_x}{D_x} \right)_{i-1,i} \cdot (p_i - p_{i-1}) + \left(\frac{K_x}{D_x} \right)_{i,i+1} \cdot (p_{i+1} - p_i) \right] \tag{5-4}$$

式中，D 为网格步长。

在 110℃ 静置 24h 后的表面活性剂体系与原油的界面张力值如表 5-1 所示，这是数值模拟需使用的最基本数据之一。

表 5-1　在不同浓度下的界面张力

总浓度/(mg/L)	TTSS（12-3-12）质量浓度/（mg/L）	NPSO 质量浓度/（mg/L）	牺牲剂质量浓度/(mg/L)	IFT/（mN/m）
4200	2000	2000	200	0.80×10^{-3}
3150	1500	1500	150	0.95×10^{-3}
2100	1000	1000	100	1.08×10^{-3}
1575	750	750	57	1.22×10^{-3}
1050	500	500	50	1.50×10^{-3}
525	250	250	25	2.34×10^{-3}
210	100	100	10	2.68×10^{-3}
157.5	75	75	7.5	4.18×10^{-3}
105	50	50	5	6.44×10^{-2}
21	10	10	1	3.42×10^{-1}

注：此表数据为 Eclipse 软件计算所需的基本参数。

建立数学模型是进行数学模拟的基础。通过认真分析所研究的物理过程，然后利用自然界中物理现象所普遍遵循的规律，如质量守恒定律和能量守恒定律，以及油藏内渗流的基本定律如达西定律等，推导出描述这一过程的数学方程。Eclipse 表面活性剂驱模型模拟了表面活性剂驱油过程中多种物理化学机理。

---

① bar，压力单位，1bar=10^5Pa。

表面活性剂在油层孔隙表面的吸附是表面活性剂驱油过程中发生的重要的物化现象之一。模型采用传统的 Langmuir 吸附等温式对它进行描述。即

$$c = \frac{aC_{\mathrm{p}}}{1+bC_{\mathrm{p}}}$$（5-5）

式中，c 为表面活性剂吸附浓度；C_{p} 为饱和吸附量；a 为与吸附量大小有关的参数；b 为吸附常数。

毛细管产生的附加压力：

$$P = \frac{2\sigma\cos\alpha}{r}$$（5-6）

式中，P 为附加压力；α 为润湿角；σ 为表面张力；r 为毛细管半径。

在影响石油采收率的众多决定性因素中，驱油剂的波及效率和洗油效率是最重要的参数。一般通过增加毛细管准数提高洗油效率，而降低油水界面张力则是增加毛细管准数的主要途径。其中降低界面张力 σ_{ow} 是表面活性剂驱的基本原理。

5.3.2　Eclipse 软件表面活性剂驱模块简介

Eclipse 能够模拟各种类型的油气藏，包括砂岩油气藏、裂缝性双孔双渗油气藏、凝析油气藏和低渗透油气藏。Eclipse100 提供一个 GI 拟组分模型选项，用于模拟凝析油气藏。同时能够模拟多种开采方式，包括一次、二次、三次采油，如衰竭开采、注水开采、注气开采和循环注气开采等。另外，该模型在三次采油中有多种选项，其中包括聚合物驱、混合相驱（包括气水交替混相驱）、表面活性剂驱和泡沫驱等。表面活性剂驱模块是使用全隐式 5 组分模型（油、水、气、表面活性剂、盐水）来模拟研究表面活性剂驱替过程的详细机理。

1. 主要功能

Eclipse 软件主要包括 23 个部分，功能主要体现在 FloGid、Schedule 和 Office 三个模块中。

（1）FloGrid 网格生成器

FloGid 部分主要是建立地质模型，对网格进行物性粗化。FloGid 是一个一体化的产品，它支持三维油藏描述标准格式 RESCUE（POSC）输入。

1）生成可由 Eclipse 直接使用的各种油藏模拟网格系统（正交、径向、角点），角点网格特别适合于刻画断层，可以沿断层线划分网格，避免了对断层线的梯形近似，提高了运算速度和计算精度。

2）支持三维 RESCUE（POSC 标准）格式输入。

3）支持多相 upscaling（物性粗化）。

4）支持三维非规则网格的局部加密。

5）全三维数据（井、各种图、地质网格、断层和模拟网格）可视化。

6）提供了一组把地质模型或随机模型的细网格粗化成油藏模拟网格的工具。

（2）Schedule 生产动态数据和完井数据准备

Schedule 部分主要是输入井的完井信息和动态数据。

1）精确、高效地为 Eclipse 准备井的生产数据和完井数据。

2）以交互方式工作。

3）快速地定义单井、井组的逻辑结构。

4）灵活地定义时间步长。

5）自动计算完井数据。

6）自动生成 Eclipse 所需的数据卡片。

（3）Office 部分

Office 部分可以打开和管理 Eclipse 数模家族的任意软件，允许在数模运行中随时查看计算结果；可以编辑和评价数模计算结果，并且可生成结果报告；可以快捷地建立一个数据研究模型并进行计算。Office 是一个一整化的桌面环境，提供了几个特色模块，给用户控制管理数模流程提供了极大的方便。

1）项目管理——在 Office 环境下管理特定的模拟研究项目。

2）结果显示——显示曲线和二维、三维结果。

3）报告输出。

（4）表面活性剂驱部分

该模型解释了由于表面活性剂的溶解作用的增强使油水相间的界面张力增加的情况，并且还解释了油水与岩石之间的润湿现象。表面活性剂与岩石表面的吸附和吸附后导致水相相对渗透率降低的现象都可以用该模型来处理。

2. 初始数据流

表面活性剂驱模拟数据流包括初始化数据和时变运行数据。初始化数据包括油藏流体（油、气、水）性质数据、油藏描述数据、表面活性剂特性参数。

（1）初始化数据

初始化数据中的油藏流体和油藏描述数据中，除油藏数组数据中增加了描述初始地层水一价、二价阳离子浓度数组外，其他数据都与 VIP 模型完全相同，这些数据主要有：

1）描述油藏和油藏流体性质的数据，它包括油层水、油及油层岩石压缩系数等。

2）要求给出相应的表格数据，它应包括与含水饱和度相对应的水和油的相渗透率曲线、水、油毛管压力曲线，与气饱和度相对应的气体和油的相渗透率曲线，气、油毛管压力曲线及油、气的 PVT 数据。

3）油藏描述数据通常以网格数组形式给出，又被称为"网络数组"数据，这些数据主要有：①X、Y两个坐标轴方向上网格尺寸数据；②垂直方向或称 Z 方向上网格尺寸数据；③油层深度数据；④油层孔隙度数据；⑤油层渗透率数据，它是沿 X、Y、Z 三坐标轴方向给出；⑥原始地层水一价、二价阳离子浓度数据。

4）表面活性剂特性参数数据，它主要包括：①表面活性界面张力-浓度关系参数；②表面活性剂溶液对岩石的润湿性参数；③溶液中含盐量对溶液界面张力影响参数；④表面活性剂溶液对原油的乳化性能参数；⑤表面活性剂溶液浓度与水相渗透率的关系参数；⑥表面活性剂吸附量参数；⑦离子交换数据，扩散、弥散参数。

这里应强调指出，上述有关表面活性剂的特性参数，应是表面活性剂在地层条件下的作用参数，它应在室内实验测定的数据基础上，结合现场实验分析研究，特别是应该通过矿场实验的跟踪拟合进行修正并最后确定。

（2）时变运行数据

所谓时变运行数据，即与时间变化有关的模拟开采过程的运行数据。这些数据基本上可分为三部分：模拟控制数据、输出控制数据、井数据。

1）模拟控制数据主要有：①方程解法选择控制；②矩阵解法选择控制；③时间步长选择控制。

2）模型输出控制功能很强，输出内容丰富，主要控制输出内容有：①井资料报告，含注入井摘要和生产井摘要；②"区"摘要报告；③数组报告，输出数组内容丰富，除压力、饱和度外，还有与表面活性剂研究有关组分浓度、界面张力等。输出控制还包括辅助文件输出控制，这些辅助文件是整理计算结果和绘图不可缺少的资料。

3）井数据。井数据丰富多彩，常用的有以下数据：①井位数据，在这里井可以是垂直井，也可以是斜井；②井射孔数据，井射孔方式可多种多样，射孔可以是任意的，即射开或封闭的层段是任意的，射开或封闭的时间是任意的。

（3）软件运行

按要求填好数据后认真检查，即可输入计算机内并开机运行。运行开始首先是对初始数据校验，程序自动进行数据检查，查出错误后给出错误信息帮助操作者改正错误，改正与运行交替进行直至消除错误。运行初始化运算后，运行时变数据，即转向与开发过程有关数据的运行。同样首先是数据错误检查，查出错误后打出信息指导改错，消除错误后即转入运算，运算以"时间步长"为单位逐步向前推进，在每个"时间步长"上计算相应网格点及井点上的相应数据，逐步向前推进，模拟油藏开发过程。运行期间，程序根据操作者给出的输出时间和内容要求自动输出计算结果，并按照要求自动结束运行。运行结束后，操作者可对计算结果进行分析研究。

5.4　历史生产数据拟合

运用模型对生产数据进行历史拟合，其中日产油拟合曲线、日产水拟合曲线、累产油拟合曲线、日产气拟合曲线、含水率拟合曲线和各层地层压力分别如图 5-7 至图 5-12 所示。

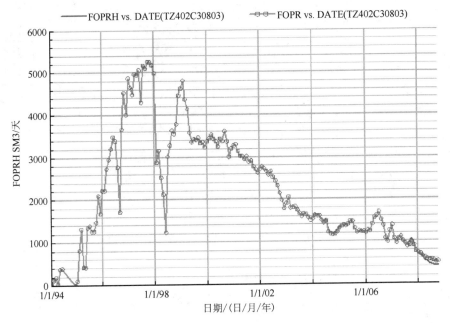

图 5-7　日产油拟合曲线

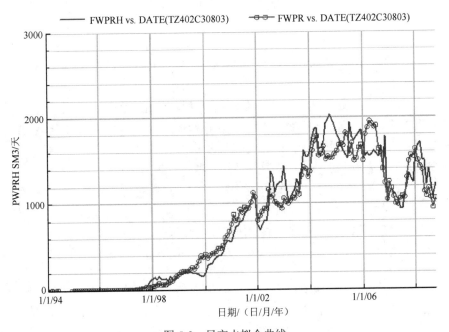

图 5-8　日产水拟合曲线

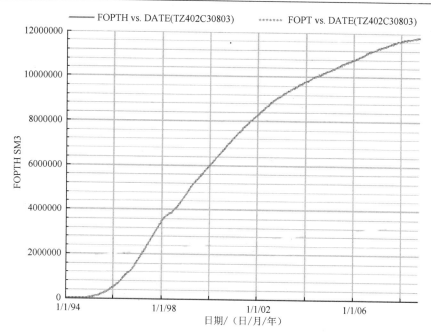

图 5-9　累产油拟合曲线

最终累油误差很小，实际 988.07 万吨，计算 988.66 万吨

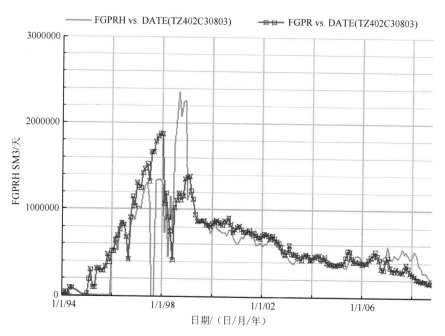

图 5-10　日产气拟合曲线

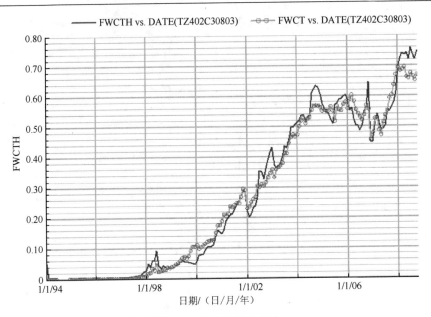

图 5-11　含水率拟合曲线

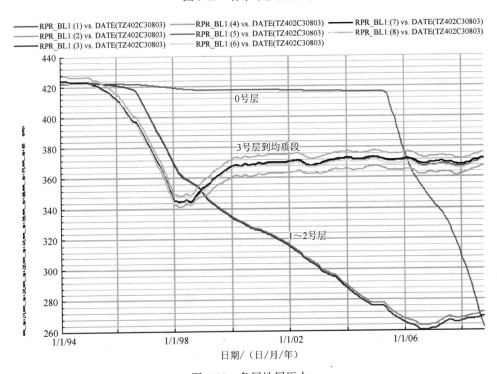

图 5-12　各层地层压力

从图 5-7 至图 5-12 可以看出，各项指标拟合效果较好。相比较而言，日产油、日产水、累产油、含水率 4 项指标拟合非常好；日产气、地层压力 4 项指标拟合稍差些。以上表明该模型适合预测某油田 T402 区块表面活性剂驱提高采收率的相关研究。

5.5 表面活性剂驱数值模拟结果

通过比较注入方式——交替注入和连续注入，优选交替注入方式；通过比较交替注入交替时间段——1 个月、2 个月、3 个月和 6 个月，优选间隔 3 个月交替注入；通过比较注入时间——3 年、4 年、5 年、6 年、7 年和 8 年，优选出交替注入 6 年。优选注入方式为间隔 3 个月表面活性剂/水交替注入，共注 6 年，以后均继续注水。其模拟的结果如图 5-13 至图 5-17 所示。

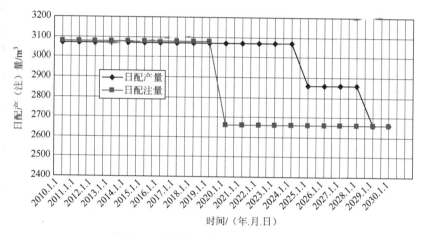

图 5-13 日配注（配产）液量变化情况

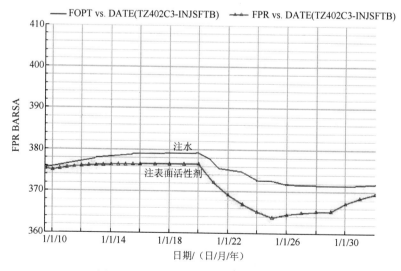

图 5-14 交替注入压力随时间的变化情况

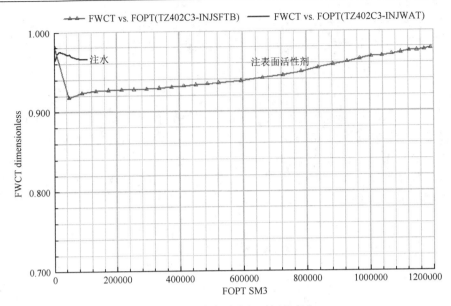

图 5-15　含水率随注入时间的变化

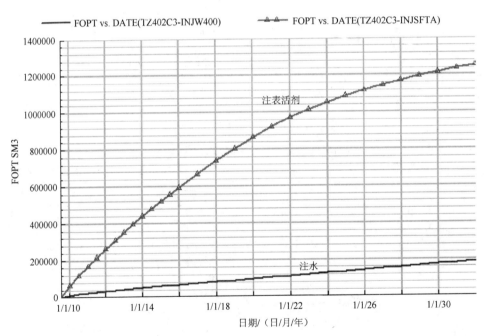

图 5-16　注入时间与累积产油量的关系

表面活性剂溶液/地层水间隔 3 个月交替注入，共注入 6 年之后，一直注水

　　目前某油田 T402 区块 CⅢ均质段地质模型地质储量 1070 万吨，剩余油储量 505.6 万 m³，油比重 0.84g/cm³，即剩余油储量为 424 万吨；采用图 5-2 所示的井

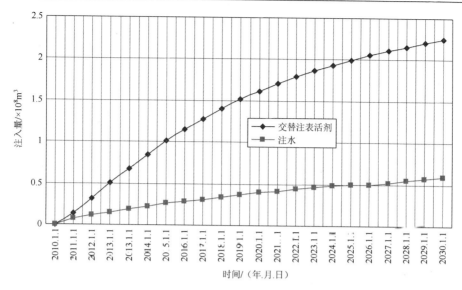

图 5-17　注入时间与累积产气量的关系

表面活性剂溶液/地层水间隔 3 个月交替注入，共注入 6 年之后，一直注水

网，共 29 口井，14 注 15 采，经过多次参数调整运算，优化初始日配注 220m³/井，日配产 204m³/井，平均日配注量 3080m³，日配产量 3060m³。日配注（配产）液量明细如图 5-13 所示。

在数值模拟生产过程中只要是含水率达到 98% 就自动关井。结果在模拟中 20 年 15 口生产井都未达到经济极限，因而都未关井。

从图 5-13 和图 5-14 可知，配注量和配产量初期较大，后期减小，目的是在保持压力变化不大的情况下有效控制采油井含水率上升速度，既保持地层能量在一个合理的范围，又有利于后期开采。对比图 5-14 注水和注表面活性剂的情况，可以发现注表面活性剂有降压增注作用。

从图 5-15 可以看出，水驱时含水率较高，而采用表面活性剂驱，含水率下降，当含水率下降到 91.87% 后，又开始缓慢上升，直到产油量达到 120 万 m³ 仍未达到经济极限。

从图 5-16 可知，生产 20 年，注入表面活性剂产油 120.8 万 m³，只注水产油 18.2 万 m³。从图 5-14 至图 5-17 分析表明，表面活性剂驱油有较好的增油、增气、降水、降压能力。

从图 5-17 可知，生产 20 年，注入表面活性剂产气 22442.8 万方，只注水产气 588.0 万方。

注入表面活性剂生产 20 年比注水生产可增油：（120.8 万方–18.2 万方）×0.84=86.18 万吨，比注水可增气：22442.8 万方–588.0 万方=21854.8 万方。

按增产油量计算某油田 T402 区块提高采收率和采出程度：

提高采收率=（注表面活性剂产油量−注水产油量）/原始地质储量×100%
　　　　=86.18/1070×100%=8.05%

采出程度=（注表面活性剂产油量−注水产油量）/剩余油储量×100%
　　　　=86.18/424×100%=20.33%

5.6　经济效益评价

目前国内应用较多的化学驱采油项目经济评价方法是增量法。增量法是指根据实施化学驱项目后的增量效益进行决策的方法，在增量法中参与计算的是新增投资、新增效益和新增成本。在此课题中，新增投资是"有表面活性剂驱项目"和"无表面活性剂驱项目"的差额，但有时要计算设备的拆除费及回收的价值。有时，为了简化计算，计算新增投资时不核定原有投资的重估值，只计算新增设施及拆除旧设备回收的净价值。

1. 注表面活性剂驱增加的费用

（1）增量注入费用

增量注入费用为注表的费用减去同期采用常规注水开发时的费用，包括化学剂费用、设备投入如搅拌器等费用与增量注入操作费用。

（2）增量折旧费用

增量折旧费用是指增量注表面活性剂驱地面设施投资部分的折旧，按平均年限计提。

（3）增量油田维护费用

由于注入表面活性剂驱所引起的一系列环保问题，以及采出含表面活性剂驱的原油和污水，需要增加处理费用及部分油田维护费用，所以应根据预测的未来工作量，按增量原油进行计算。

2. 注表面活性剂驱节约的费用

表面活性剂驱具有明显的洗油作用，改善了残余油动用程度，受益井产油量上升，含水率下降，油井产水量减少。因此，表面活性剂驱与水驱相比，又具有注水减少、少产水等优点。成本减少为项目评价期内减少的注水费与减少的产水处理费之和。

3. 表面活性剂驱项目的经济评价指标体系

表面活性剂驱项目经济评价结果，应根据室内驱油实验和数值模拟的表面活性剂驱驱油规律。主要提供采油井数、注水井数、平均单井日产油量、平均单

表 5-2　提供经济预算所需基本参数

时间/年	采油井	注水井	平均单井日产油量/t	平均单井日产气量/10^4m^3	年产油/10^4t	年产气/10^4m^3	年产液/10^4m^3	年注水/10^4m^3	年注表面活性剂液/10^4t	综合含水/%	采出程度/%
1	15	14	8.707	0.167	9.2161	1763.9	112.06	56.21	56.21	0.9178	4.259
2	15	14	7.861	0.151	8.3211	1601	112.06	56.21	56.21	0.9257	5.867
3	15	14	7.705	0.149	8.1555	1574.7	112.06	56.21	56.21	0.9272	7.424
4	15	14	7.631	0.148	8.0769	1563.1	112.06	56.21	56.21	0.9279	8.923
5	15	14	7.365	0.143	7.7956	1510.9	112.06	56.21	56.21	0.9304	9.647
6	15	14	7.08	0.137	7.494	1454.1	112.06	56.21	56.21	0.9331	10.37
7	15	14	6.833	0.135	7.2328	1433.4	112.06	112.42	0	0.9341	11.76
8	15	14	6.582	0.133	6.9672	1404.2	112.06	112.42	0	0.9355	12.08
9	15	14	6.232	0.128	6.5962	1353	112.06	112.42	0	0.9378	13.03
10	15	14	5.887	0.121	6.2311	1281.8	112.06	112.42	0	0.9411	13.09
11	15	14	5.426	0.114	5.7434	1211.6	112.06	112.42	0	0.9444	13.25
12	15	14	4.899	0.106	5.1856	1117.3	112.06	112.42	0	0.9487	14.49
13	15	14	4.475	0.094	4.7372	997.84	112.06	97.09	0	0.9537	15.35
14	15	14	4.105	0.085	4.3453	900.74	112.06	97.09	0	0.9577	15.83
15	15	14	3.753	0.077	3.9729	819.19	112.06	97.09	0	0.9612	16.55
16	15	14	3.432	0.07	3.633	744.15	112.06	97.09	0	0.9645	17.51
17	15	14	3.129	0.064	3.3124	677.75	112.06	97.09	0	0.9676	18.12
18	15	14	2.913	0.058	3.0834	615.08	104.39	97.09	0	0.9683	18.68
19	15	14	2.7	0.054	2.8578	573.63	104.39	97.09	0	0.9705	19.97
20	15	14	2.509	0.05	2.6563	532.69	104.39	97.09	0	0.9726	20.33

井日产气量、年产油、年产气、年产液、年注水、年注表面活性剂液、综合含水和采出程度，如表 5-2 所示。另还有表面活性剂价格、1 方水的注入费用、井下作业费、测试井费和新钻 4 口井所用费用等。

4. 财务评价参数

财务评价参数主要包括以下 3 个：财务内部收益率（税后）12.0%；财务净现值（税后）大于零；静态投资回收期为 6 年。

5. 投资估算结果

投资估算结果如表 5-3 所示。

表 5-3　建设投资估算结果表

序号	项目或费用名称	估算金额/万元
1	开发井投资	16 060
2	地面工程投资	15 060
3	建设期利息	1000
4	流动资金	663
5	项目总投资	3675
		20 399

实际计算出表面活性剂的财务评价参数如表 5-4 所示。财务内部收益率（税后）为 12.10%；财务净现值（税后）为 124 万元；静态投资回收期为 6.14 年，这些指标满足行业标准，达到了投资条件。

表 5-4　全部投资财务评价数据表

评价指标	所得税后	所得税前
财务内部收益率/%	12.10	17.37
财务净现值/万元	124	6696
投资回收期/年	6.14	5.15

5.7　小　　结

1）优化设计 29 口井，其注水井 14 口，采油井 15 口，采用注环状边底水方式开发。间隔 3 个月交替注入表面活性剂/水共 6 年之后，一直注水，共注入表面活性剂 8462.16 吨，生产 20 年，注表面活性剂比注水增油 86.18 万吨，增气 21854.8 万方。预测结果表明可提高采收率 8.05%，采出程度达 20.33%。

2）财务内部收益率（税后）为 12.10%；财务净现值（税后）为 124 万元；静态投资回收期为 6.14 年，这些指标满足行业标准，达到了投资条件。

参 考 文 献

[1]　葛家理.现代油藏渗流力学原理（上册）[M].北京：石油工业出版社，2003.

[2]　杨胜来，魏俊之.油层物理学[M].北京：石油工业出版社，2004.

[3]　何更生.油层物理[M].北京：石油工业出版社，1994.

[4]　王国锋.低渗透油层活性水驱油数值模拟研究[D]. 大庆：大庆石油学院硕士学位论文，2005.

[5]　马涛，张晓风.驱油用表面活性剂的研究进展[J].精细石油化工，2008，25（4）：78-82.

[6]　Base J H，Petrick C B. Glenn pool surfactant flood pilot test. comparison of laboratory and observation well data.SPE 12694，1986.

[7]　陈涛平，李楠.低渗透油层 SL 活性剂提高采收率实验[J].大庆石油学院学报，2005，29（6）：45-48.

[8]　廖广志，王启发，王德发.化学复合驱原理及应用[M].北京：石油工业出版社，1999.

[9]　俞稼铺，宋万超，李之平，等.化学复合驱基础及进展[M].北京：中国石化出版社，2002.

[10]　杨承志.化学驱提高石油采收率[M].北京：石油工业出版社，2007.

[11]　朱维耀，鞠岩.强化采油油藏数值模拟基本方法[M].北京：石油工业出版社，2002.

[12]　Kazemi H，Gilman J R，El-sharkaway A M. Analytical and numerical solution of oil recovery from fractured reservoirs u-sing emprical transfer functions[C]. SPE 19849，1992：8-11.

[13]　张凤莲.低渗透油藏表面活性剂驱油数值模拟[J].大庆石油学院学报，2007，31（1）：31-34.

[14]　Reppert T R，Bragg J R.Second Ripley Surfactant Flood Pilot Test.SPE20219，1990.

[15]　朱维耀.一个改进的化学驱组分模型模拟器[J].石油学报，1992，13（1）：79-89.

[16]　Joshi S，Miller M I. Macimum a posteriori estimation with Good's roughness forthree-dimensional optical-sectioning microscopy [J]. JOSA A，1993，10（5）：1078-1085.

[17]　Kim B，Lee K H，Kim K J，et al. Prediction of perceptible artifacts in JPEG2000 compressed abdomen CT images using a perceptual image quality metric[J]. Academicradiology，2008，15（3）：314-325.

[18]　朱益华，陶果.顺序指示模拟技术及其在 3D 数字岩心建模中的应用[J].测井技术，2007，31（2）：112-115.

[19]　Te Velde Q B E J. NiHiierical integration for polyatomic systems[J]. Journal of Computational Physics，1992，99（1）：84-98.

[20]　Buras R，Rampp M，Janka H T，et al. Two-dimensional hydrodynamic core-collapse supernova simulations with spectral neutrino transport. I. Numerical method and results for a 15 M_sun star[J]. arXiv preprint astro-ph/0507135，2005.

[21]　Cagan J，Shimada K，Yin S. A survey of computational approaches to three-dimension^ layout problems[J]. Computer-Aided Design，2002，34（8）：597-611.

[22]　Migeon S，Weber O，Faugeres J C，et al. SCOPIX: a new X-ray imaging system for core analysis [J]. Geo-Marine Letters，1999，18（3）：251-255.

[23]　岳大力，吴胜和，程会明，等.基于三维储层构型模型的油藏数值模拟及剩余油分布模式[J]. 中国石油大学学报：自然科学版，2008，32（2）：21-27.

[24]　朱益华，陶果，方伟，等.3D 多孔介质渗透率的格子 Boltzmann 模拟[J].测井技术，2008，32（1）：25-28.

[25]　刘学锋.基于数字岩心的岩石声电特性微观数值模拟研究[D]. 北京：中国石油大学硕士学位论文，2010.

[26]　张云.多孔介质中流动的格子 Boltzmann 模拟[D]. 北京：中国石油大学硕士学位论文，2011.

[27]　Santosa S P，Wierzbicki T，Hanssen A G，et al. Experimental and numerical studies of foam-filled sections[J]. International Journal of Impact Engineering，2000，24（5）：509-534.

[28]　Beugre D，Calvo S，Dethier G，et al. Lattice Boltzmann 3D flow simulations on a metallic foam [J]. Journal of computational and applied mathematics，2010，234（7）：2128-2134.

[29]　Ramesh N S，Rasmussen D H，Campbell G A. Numerical and experimental studies of bubble growth during the microcellular foaming pro cess [J]. Polymer Engineering & Science，1991，31（23）：1657-1664.

[30]　朱维耀，程杰成，吴军政. 多元泡沫化学剂复合驱油数值模拟研究[J].石油学报，2006，27（3）：65-69.

[31]　程浩，张文亮. 泡沫驱数值模拟进展[J].断块油气田，2000，7（5）：26-30.

[32]　程浩，郎兆新.泡沫驱中的毛管窜流及其数值模拟[J].重庆大学学报：自然科学版，2000（zl）：161-165.

[33]　Bardenhagen S G，Brydon A D，Guilkey J E. Insight into the physics of foam densification via numerical simulation[J]. Journal of the Mechanics and Physics of Solids，2005，53（3）：597-617.

[34]　祖鹏，李宾飞，赵方剑. 低渗透油藏 CO_2 泡沫驱室内评价及数值模拟研究[J].石油与天然气化工，2015，44（1）：70-74.

[35]　刘地渊，赵庆飞，张望明. 化学驱项目的经济评价方法研究[J]. 石油天然气学报，2008，27（4）：535-536.

[36]　胡钶. 山东胜利油田孤岛东区改性酸盐驱羧油技术经济评价[D].北京：中国地质大学硕士学位论文，2010.

索 引 词